Bindungsspiele
für Hunde

BEZIEHUNG UND VERTRAUEN SPIELEND VERTIEFEN

(Foto: Nicole Röder)

Nicole Röder

Bindungsspiele für Hunde

BEZIEHUNG UND VERTRAUEN SPIELEND VERTIEFEN

CADMOS

Haftungsausschluss:
Autorin und Verlag haben den Inhalt dieses Buches mit großer Sorgfalt und nach bestem Wissen und Gewissen zusammengestellt. Für eventuelle Schäden an Mensch und Tier, die als Folge von Handlungen und/oder gefassten Beschlüssen aufgrund der gegebenen Informationen entstehen, kann dennoch keine Haftung übernommen werden.

Gender-Erklärung:
Aus Gründen der besseren Lesbarkeit verzichten wir im Cadmos-Verlag auf die gleichzeitige Verwendung der Sprachformen männlich, weiblich und divers (m/w/d) und wählen jeweils die männliche oder weibliche Form von personenbezogenen Hauptwörtern. Dies soll jedoch keinesfalls eine Geschlechterdiskriminierung oder eine Verletzung des Gleichheitsgrundsatzes zum Ausdruck bringen. Frauen, Männer und Diverse mögen sich von den Inhalten unserer Publikationen gleichermaßen angesprochen fühlen.

IMPRESSUM

CADMOS im CADMOS Verlag

Grafisches Konzept: www.ravenstein2.de
Covergestaltung: www.cadmos.de
Satz: Hantsch PrePress Services OG, Wien
Lektorat: Madeleine Franck
Fotos am Umschlag: Nicole Röder

Druck: www.graspo.com

Deutsche Nationalbibliothek – CIP-Einheitsaufnahme
Die Deutsche Nationalbibliothek verzeichnet diese Publikation in der Deutschen Nationalbibliografie; detaillierte bibliografische Daten sind im Internet über http://dnb.ddb.de abrufbar.

Printed in EU

ISBN 978-3-8404-2069-6

INHALT

(Foto: Nicole Röder)

(Foto: Nicole Röder)

WAS IST BINDUNG?

Ich freue mich sehr, dass mein Buch „Bindungsspiele" in eine neue Runde geht. Das Thema hat nichts an Aktualität verloren und im Laufe der letzten Jahre ist für mich eins immer klarer geworden: Eine gute Bindung baut auf Vertrauen. Und dieses Vertrauen kann der Mensch von seinem Hund nur dann bekommen, wenn er ihn fair, respektvoll und voller Liebe in sein Leben und seinen Alltag integriert. Auch Erziehung hat nichts mit Dominanz oder Ein- und Beschränkung zu tun. Vielmehr kommt es darauf an, dem Hund eine verlässliche Bezugsperson zu sein und ihn zu ermutigen, die richtigen Entscheidungen zu treffen. Ein Hund, der mit positiver Verstärkung in die richtigen Bahnen gelenkt wird, kann sich frei entfalten und ein gesundes Selbstvertrauen entwickeln. Er wird sich darauf freuen, gemeinsam mit seinem Menschen die Welt zu erkunden und zusammen mit ihm alle Abenteuer, die das Leben bietet, zu bestehen.

Spiele sind eine wunderbare Möglichkeit, das Vertrauen zwischen Hund und Mensch entstehen zu lassen. Spiele bringen Freude, Beschäftigung und sorgen nebenbei für gute Laune in der Erziehung. Damit sind sie ein besonders wichtiger Faktor, um die Bindung des Mensch-Hund-Teams zu stärken.

Der Schwerpunkt dieses Buchs liegt auf der praktischen Umsetzung der Bindungsspiele. Damit alle Trainingsimpulse bestens umgesetzt werden können, steige ich mit einem ganz kurzen Theorieteil in die Thematik ein. Denn je besser man auch in der Theorie eine Sache versteht, umso besser kann man die Ideen dann in den eigenen Alltag integrieren. Theorie und Praxis gehen sozusagen Hand in Hand.

Steigen wir also ein in das spannende Thema, das uns alle immer und überall beschäftigt: die wunderbare Bindung zwischen Mensch und Hund!

Begriffsklärung

Wie es schon am Wort erkennbar ist, hat der Begriff Bindung etwas mit verbinden, also zusammenführen und -bleiben, zu tun. Ich stelle mir die Bindung zwischen zwei Lebewesen in etwa vor wie ein unsichtbares Band, das beide zusammenhält. Dieses Band wird immer dicker und fester, je besser die beiden sich kennenlernen, sich vertrauen und je mehr gemeinsame Zeit sie verbringen. Mit jedem bestandenen Abenteuer, jedem glücklichen und jedem achtsamen Moment wird das Band fester und beständiger. So können dann auch kleine Rückschläge (wie zum Beispiel ein unangenehmer Gang zum Tierarzt) diese Verbindung nicht ernsthaft schädigen. Wir Menschen sollten immer der Fels in der Brandung für unseren Hund sein – seine Basisstation, auf die er sich fest verlassen kann und bei der er, wenn er unsicher ist oder Angst hat, immer Sicherheit und Liebe erfährt.

Wie an jeder anderen Beziehung muss man auch an der Partnerschaft zum Vierbeiner arbeiten. Doch im Falle der Beziehungsarbeit zu unseren Hunden können wir dafür Sorge tragen, dass das immer Spaß macht – zum Beispiel mit Bindungsspielen!

Wichtig!

Alle vorgestellten Spielideen und Übungen sind für jeden Hunde- und Menschentyp geeignet. Sie sind für kleine bis große, leichte bis schwere und sehr junge bis sehr alte Hunde umsetzbar. Wenn aber doch eine Variante für das individuelle Mensch-Hund-Team nicht durchführbar ist, dann machen Sie einfach Ihr eigenes Ding draus und wandeln das Spiel so ab, dass es für Sie und Ihren Hund passt. Im Zweifelsfall lassen Sie die entsprechende Übung einfach komplett weg.

Das Zusammenwachsen mit dem Vierbeiner besteht nämlich auch daraus zu erkennen, was für den eigenen Hund erlern- und umsetzbar ist und was ihm Spaß macht.

Als Hundehalter werden Sie sicherlich irgendwann auf den einen oder anderen vermeintlichen Profi in Sachen Hund und Bindung stoßen. Leider herrscht in vielen Köpfen noch ein völlig veraltetes Bild davon, wie der Umgang mit unserem vierbeinigen Freund gestaltet werden sollte. Lassen Sie sich also nicht verunsichern, wenn Sie auf folgende Aussagen stoßen:

- *Nur ein Hund, der gut gehorcht, hat auch eine gute Bindung!* Diese Aussage ist völliger Unsinn. Ein Hund, bei dem es erziehungstechnisch irgendwo hakt, kann eine bessere Verbindung zu seinem Zweibeiner haben als einer, der wie auf Knopfdruck pariert. Bindung hängt auch mit Glücklichsein zusammen.
- *Der Hund darf niemals zum gemeinsamen Spiel auffordern bzw. der Mensch darauf eingehen!* Auch das ist Unsinn. Im Gegenteil – wie schön, wenn der Hund das Spielen mit seinem Menschen so gut findet, dass er es auch von sich aus anbietet. Ob man nun seinerseits auf das Spiel einsteigt oder es auf später vertagt, kann man situationsabhängig entscheiden. Klar ist, dass dabei verquere Rangordnungsideen keine Rolle spielen sollten.
- *Bei Zerrspielen muss immer der Mensch gewinnen!* Auch hier gilt: Jeder darf mal gewinnen – immer verlieren ist auch für Hunde frustrierend. Aber eigentlich gibt's beim gemeinsamen Spiel so lange nur Gewinner, wie alle gemeinsam Spaß daran haben.

So schnell kann nichts Pauls Vertrauen in seine Menschen erschüttern. (Foto: Nicole Röder)

- *Kuscheln ist nur erlaubt, wenn der Mensch will. Nie dann, wenn der Hund dazu auffordert!* Das ist eine furchtbare Ansicht. Hunde sind soziale Lebewesen, sie brauchen Nähe. Außerdem wird durch Körperkontakt Oxytocin, das sogenannte Bindungshormon, freigesetzt. Kuscheln, egal von wem ausgehend, ist damit ein besonders wichtiger Faktor in der Bindungsarbeit.
- *Wenn der Hund sich in einem großen Radius um den Menschen bewegt, hat er eine schlechte Bindung!* Für einen großen Entfernungsradius gibt es verschiedene Gründe, zum Beispiel rassebedingte Vorlieben oder schlicht wenig Training an einem kleinen Radius. Der Hund kann jedoch weiter weglaufen und dabei seinen Menschen trotzdem immer im Blick haben. Die reine Entfernung sagt nichts über die Bindung aus, auch wenn manche „Experten" dies als ein deutliches Kriterium in der Mensch-Hund-Beziehung ansehen.
- *Wenn der Hund nicht sofort auf Zuruf kommt, stimmt die Bindung nicht!* Auch hier wird Bindung und Training verwechselt. Es ist wohl eher wahrscheinlich, dass einfach nur am Rückruf gearbeitet werden muss.

Was Bindungsspiele auszeichnet

Zwar ist jede positive Beschäftigung mit dem Hund potenziell vertrauensfördernd und damit auch ein guter Baustein zur Festigung der Bindung, aber dennoch ist Spiel nicht gleich Spiel.

Dem Hund x-fach ein Bällchen zuzuwerfen und ihn stupide hinterherrennen zu lassen wird kaum die Beziehung zwischen Hund und Halter verbessern. Ein Hund, dem immer nur der fortgeschleuderte Ball als Unterhaltung dient, der fixiert sich auf das runde Objekt, aber nicht auf die Person, die dahintersteht. Egal, wer das Objekt der Begierde schleudert (ob Besitzer, Nachbar, Fremder oder Ballwurfmaschine), der Hund wird hinterherhechten und das Ding zurückbringen, um es erneut geworfen zu bekommen. Bällchenwerfen mag vielleicht in Ausnahmefällen als nette Abwechslung oder zur körperlichen Auslastung dienen, reine „Wegwerfspiele" sind jedoch keine Bindungsspiele. Das heißt nicht, dass man grundsätzlich auf diese Art der Beschäftigung verzichten muss. Aber damit gemeinsame Spiele mit dem Hund als bindungsfördernd angesehen werden können, gilt es, die folgenden Grundregeln zu beherzigen:

- *Der Hund muss sich auf seinen Menschen konzentrieren.* Es hat wenig Zweck, die Bindung verbessern zu wollen, wenn der Vierbeiner gerade damit beschäftigt ist, seinen Hundekumpel zu begrüßen oder Kaninchen aufzustöbern. Deshalb: Den Hund darauf vorbereiten, dass wir etwas von ihm wollen, indem wir z. B. ein Ritual einführen, das ihn auf die Folgebeschäftigung einstimmt. „Na, wollen wir spielen?" in begeisterter Tonlage, mit Anzeige von Leckerchen und/oder Spielzeug, um den Hund in eine begeisterte Grundstimmung zu versetzen, ist nur eine von vielen bewährten Möglichkeiten der Ansage.

- *Der Mensch bleibt in seinen Aktionen überraschend.* Sich während des Spiels unvorhersehbare Wendungen einfallen zu lassen, das erhält die Freude am Spiel. Statt immer nach drei Schritten den Futterbeutel fallen zu lassen, könnte dieser einfach mal in einen Baum gehängt werden. Oder statt auf dem Weg geradeaus zu gehen – warum nicht plötzlich mal querfeldein laufen? Es sind die kleinen Überraschungen, die selbst die bekannteste Spaziergehroute zu einem lustigen Abenteuer werden lassen können.
- *Zwang und Strafe sind pfui!* Wir zwingen den Hund nicht, mitzumachen oder sich uns zuzuwenden. Ist er zu sehr abgelenkt oder hat partout keine Lust, versuchen wir es ein paar Minuten später erneut. Oftmals liegt die vermeintliche Unlust des Vierbeiners schlicht daran, dass man den Grad der Ablenkung falsch einschätzt oder/und das Spielsignal noch nicht gut genug aufgebaut ist. Auch hier gilt: Motivation ist alles und lässt sich sehr gut trainieren!
- *Der Mensch ist verlässlich.* Ein Leben in ständiger Unsicherheit, weil sich der Mensch als unzuverlässig erweist, ist Gift für die Beziehung. Ein Individuum (egal ob Mensch oder Tier), das in stetiger Hab-Acht-Haltung leben muss und sich nicht entspannen kann, wird keine sichere Bindung aufbauen können. Als Mensch sind wir verantwortlich dafür, dem Hund eine sichere Basis zu bieten. Nicht nur dann, wenn wir ihn vor zudringlichen Fremdhunden schützen, sondern ganz besonders auch dann, wenn wir uns als verlässliche Sozialpartner zeigen, die nicht sprunghaft mit Ge- und Verboten umgehen. Mal ungebeten aus dem Auto springen ist okay, aber schimpfen, wenn der Hund das auch an der Straße macht? Solche Verhaltensweisen belasten die Beziehung unnötig.
- *Die gemeinsame Zeit ist unersetzlich.* Ob diese Zeit nun mit Spiel, positivem Training oder mit Kuscheln verbracht wird, ist egal. Hauptsache, wir nehmen uns bewusst gemeinsame Zeit mit dem Hund, denn die Jahre gehen viel zu schnell vor-

Gemeinsam spielen und eine schöne Zeit verbringen, stärkt wie nichts anderes die Bindung zwischen Mensch und Hund. (Foto: Nicole Röder)

Wichtige Tipps

Ankündigung

Der Hund sollte immer die Chance bekommen, sich auf das, was gleich folgt, einzustellen. Egal, ob es um Spiele, Übungseinheiten, Halsband oder Geschirranlegen oder Ähnliches geht. Eine Ankündigung mit vorab festgelegten Worten wie „Lass uns tricksen", „Leine" oder „Ausflug" hilft dem Hund, sich in die richtige Stimmung zu versetzen. Zudem hilft es speziell sehr jungen oder unsicheren Hunden dabei, nicht von scheinbar plötzlich auftretenden Aktionen überfordert zu werden. So wissen sie nämlich, was auf sie zukommt, können sich vorbereiten und haben nicht das beständige, ungewisse Gefühl eines potenziellen Kontrollverlusts. Das Leben in ständiger Unsicherheit bzw. Überforderung, weil jederzeit etwas mit einem geschehen kann, mit dem man gar nicht gerechnet hat, ist Gift für die Entwicklung einer stabilen Persönlichkeit, die die Fähigkeit mitbringt, anderen zu vertrauen. Und wir wissen: Vertrauen ist die Basis der Bindungsfähigkeit.

Auflosung

Genauso wichtig wie das Ankündigen der nächsten Aktionen ist das Auflösen aus einer Übung. Wenn wir dem Hund immer deutlich signalisieren, dass eine Übung beendet ist, können wir uns und

Die Info „Jetzt anleinen" stimmt Laska auf die folgende Handlung ein. (Foto: Ralph Weires)

ihm viele „Neins" und damit einiges an Frustration ersparen.

Üben wir mit dem Hund zum Beispiel Platz oder Sitz, signalisieren wir ihm durch ein gewähltes Signal wie „fertig", „los" oder Ähnliches, dass er nun wieder aufstehen und was anderes machen darf. Dazu wird anfangs einfach sehr schnell nach erfolgtem Hinsetzen oder Hinlegen das Signal zum Beenden der Übung gegeben und zugleich ein Leckerchen weggerollt, damit der Hund auch wirklich aufsteht. Er soll auch hier erstmal verstehen lernen, was das Auflösesignal bedeutet. Im Laufe der Zeit dehnen wir die Zeitspanne bis zur Auflösung entsprechend aus.

bei. Eigentlich wollte man dringend an der Leinenführigkeit üben, aber die Gegend und das Wetter waren zu schön, sodass der Hund wieder einmal ohne Leine flitzen durfte? Wenn danach alle glücklich und zufrieden sind, dann ist das großartig. Nicht jede Minute muss verplant sein und vermeintlich sinnvoll und lehrreich ausgefüllt werden. Auch einfach nebeneinander faul auf dem Sofa abzuhängen ist wertvoll für die Bindung – und manchmal vielleicht sogar ertragreicher als verbissenes Streben nach der perfekten Leinenführigkeit.

Wichtige Vorübungen für viele Bindungsspiele

Ein bisschen Vorwissen und einige kleine Vorübungen sind für manche Spiele unerlässlich. Das Markertraining kann praktisch immer zum Einsatz kommen. Platz-Bleib und Bringen und Festhalten sind nur für bestimmte Spiele notwendig. Falls Ihr Hund diese Signale noch nicht kennt, finden Sie jedoch viele andere Spielideen, die keine Vorkenntnisse erfordern. Sie können also auf jeden Fall direkt loslegen und parallel mit dem Training der Vorübungen beginnen – was ebenfalls Spaß macht!

MARKERTRAINING

Bindung lebt von positiver Interaktion zwischen Hund und Mensch, und so gehört die Nutzung eines Markersignals zu den methodischen Grundlagen. Ob Markerwort oder Clicker, die Konditionierung eines solchen Signals ist denkbar einfach und bietet nur Vorteile. Egal, ob es darum geht, in kleinen Schritten die Annäherung an ein vermeintlich unheimliches Hindernis schönzufärben, das ruhige Verhalten fremden Hunden gegenüber zu bestärken, Tricks zu erclickern oder einzelne Übungselemente für Spiele aufzubauen – alles geht besser mit ein paar Clicks.

Während ich früher immer mit Clicker in der Tasche unterwegs war, bin ich mittlerweile dazu übergegangen, meine Hunde nur noch auf ein Markerwort zu konditionieren. Die Wirk- und Einsatzweise ist dieselbe wie die des kleinen Knackfroschs. Das Wort hat aber den Vorteil, dass ich außer meiner Stim-

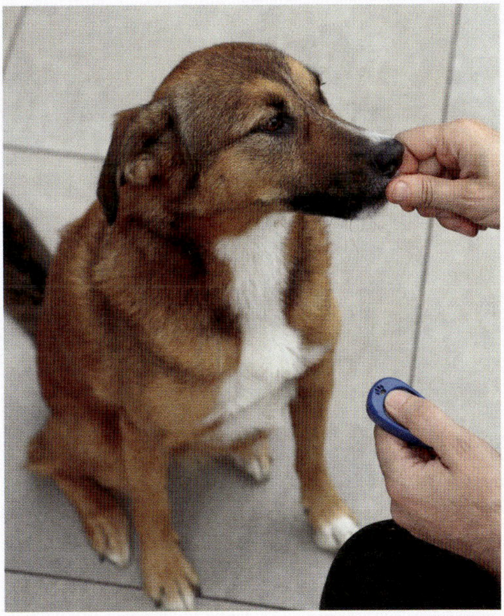

Mit Marker und Belohnungen wird das Training zur positiven Interaktion. (Foto: Nicole Röder)

me nichts brauche und dementsprechend die Hände frei habe. Im Folgenden spreche ich nur vom „Markersignal“ und, ob Sie für Ihren Hund einen „echten“ Clicker oder ein anderes Signal konditionieren, ist egal.

Während der Clicker ein vorgegebenes Geräusch hat, kann man sich beim Markersignal ein Wort oder Geräusch selbst aussuchen (das muss dann natürlich beständig bleiben). Es empfiehlt sich hier etwas zu wählen, was man nicht ständig in Gesprächen sagt. Und während sich „Suuuuper“, „Klasse“ und „Prima“ wunderbar zum emotionalen Loben eignen, sollte man als Markersignal lieber ein kurzes, emotionsfreies Wort aussuchen. Ein Begriff wie „Click“, „Yepp“ oder „Top“ hat sich in vielen Fällen bewährt. Auch das Schnalzen mit der Zunge kann für denjenigen, der es kann, das Signal der Wahl sein.

Damit der Hund lernt, dass das gewählte Signal eine positive Bedeutung hat, konditioniert man ihn darauf. Dazu setzt man sich mit dem Hund hin, sagt mehrfach sein Markerwort und füttert jeweils gleichzeitig ein Leckerchen (also z. B. „Click“ – Futter – „Click“ – Futter – „Click“ – Futter). Je öfter dieser Prozess wiederholt wird, umso besser die Lernverknüpfung. Dann kann man den zeitlichen Abstand zwischen Signal und Leckerchengabe etwas vergrößern. Idealerweise übt man auch an verschiedenen Orten. Sobald der Hund erwartungsvoll sein Goodie fordert, wenn er das Markersignal hört, hat er es verstanden. Nun kann das Signal im Training eingesetzt werden.

Wichtig: Das Markersignal muss immer belohnt werden!

Das Spiel mit der Kreativität

Ein Klassiker im Clickertraining ist ein Kreativitätsspiel mithilfe eines Schuhkartons. Hier kann man als Mensch seine Markerfähigkeiten und das eigene Timing trainieren und zugleich die Beobachtungsgabe schulen. Wie geht der Hund vor, wenn er etwas ausprobieren soll? Setzt er seine Pfoten oder seine Schnauze ein? Wie leicht fällt es ihm, mit Frustration umzugehen, wenn er nicht sofort ans Ziel kommt? Wie gut können wir erkennen, wann wir eine Hilfestellung geben sollten?

Man nehme also einen Schuhkarton (jegliche andere kleine Kiste tut es auch), stelle sie auf den Boden und warte ab. Sobald sich der Hund der Kiste nähert, gibt es einen Click und das erste Leckerchen. Jede Aktion mit dem Karton wird von nun an bestärkt. Wie viele unterschiedliche Handlungen zeigt der eigene Vierbeiner nun?

Die Persönlichkeit des Hundes spielt beim Kreativitätsspiel eine große Rolle: Während manche Hunde begeistert alles Mögliche mit dem Karton ausprobieren, um den ersehnten Click zu bekommen, sind andere völlig passiv. Sollte Ihr Vierbeiner zu den eher schüchternen Typen gehören, dann scheuen Sie sich nicht, ihm anfangs zu helfen. Interagieren Sie selbst mit dem

Karton und zeigen Sie Ihrem Hund, dass er die Kiste berühren darf. Animieren Sie ihn auch stimmlich, sich ranzutrauen. Erfahrungsgemäß sind die eher zurückhaltenden Hunde nach ein bisschen Mutmachen und viel Bestätigung dann auch ganz schnell mit Feuereifer dabei, sich auszuprobieren. Dann kann man sich als Mensch wieder zurückziehen und die Vierbeiner in ihrer neu entdeckten Kreativität bestätigen.

Besonders dann, wenn man den Hund gerade erst auf das Markersignal konditioniert hat, bietet sich diese Form der Übung an. Sie werden sehen, wie schnell Sie und Ihr Vierbeiner sich auf eine gemeinsame, positive Ebene des Trainings begeben. Und wie viel Spaß diese Art der Zusammenarbeit macht.

Alternativ kann man auch mit einem Ball, einem kleinen Hocker und allem anderen, das sich für verschiedene Aktionen eignet, arbeiten. Alles, was mit Pfote oder Nase gedrückt, geschoben, erklettert oder sonst wie bewegt und bearbeitet werden kann, ist geeignet.

Ein einfacher Schuhkarton bietet so viele Möglichkeiten! (Foto: Nicole Röder)

BRINGEN UND FESTHALTEN

Das Bringen und Festhalten von Gegenständen ist zum Beispiel für manche Schnüffelspiele und Suchaufgaben notwendig. Nicht jeder Hund greift jedoch begeistert zu, wenn er Gegenstände zu seinem Menschen tragen soll. Darum wird der Aufbau sowohl für die zupackenden als auch für die zögerlichen Vierbeiner erklärt.

So wird's gemacht: Suchen Sie Dinge aus, die Ihr Hund festhalten oder zu Ihnen bringen soll. Für die ersten Übungseinheiten wählen Sie vorzugsweise einen Gegenstand, den er ohnehin gern ins Maul nimmt. Das erleichtert den Einstieg. Leckereien als Belohnung fürs erfolgreiche Einüben des Apportierens dürfen natürlich nicht fehlen.

Manche Hunde finden besonders fellähnliche Materialien attraktiv und lassen sich damit eher zum Apportieren überreden. (Foto: Nicole Röder)

Das Bringen

Methode 1: Hunde, die gerne mit Ball, Plüschtier, Socke und Co spielen und diesen ungehemmt hinterherlaufen, sobald sie geworfen werden, brauchen nur einen kleinen Schritt, um das zielgerichtete Apportieren zu lernen. Man nimmt eins der Spielzeuge, von denen man weiß, dass der Hund auf jeden Fall hinlaufen und es aufnehmen wird. Da viele Hunde vor Begeisterung erst mal eine Runde mit ihrem Spielzeug rennen wollen, empfiehlt es sich anfangs, den Hund anzuleinen. Das Spiel beginnt, indem wir dem angeleinten Hund zeigen, dass wir sein Spielzeug haben, das wir nur so weit werfen, wie die Leine es zulässt. Beginnen Sie mit einer Drei-Meter-Leine und werfen Sie das Spielzeug nur zwei Meter weit, damit es nicht zu Leinenrucks kommt!

Während der Hund unterwegs zu seinem Spielzeug ist, sagen wir ihm schon unser Apportierwort, also etwa „Bring mit", „Apport" oder Ähnliches. Wenn der Hund das Spielzeug aufgenommen hat, gehen wir ein paar Schritte rückwärts und animieren ihn verbal, zu uns zu kommen und seine Beute mitzubringen. Wir wiederholen dabei das Apportierwort und freuen uns extrem, wenn der Hund mit Spielzeug im Maul in unsere Richtung kommt. Wie oft Sie diesen Schritt mit der Leine üben möchten, hängt davon ab, wie gerne und zuverlässig Ihr

Hund sich mit dem Spielzeug auf den Weg zu Ihnen macht. Falls er sich zwischendurch wild tobend mit dem zu bringenden Gegenstand aus dem Staub macht, weil Sie es zu früh ohne Leine probiert haben, freuen Sie sich an seiner Freude und gehen einfach nochmal für einige Wiederholungen zum Übungsschritt mit der Leine zurück – anfangs auf jeden Fall mit der erwähnten Drei-Meter-Leine, später dann auch gerne mit einer Fünf- bis Zehn-Meter-Schleppleine (speziell, wenn Sie das Apportieren im Wald üben möchten). Ob der Hund Ihnen das Spielzeug in die Hände gibt oder vor Ihnen auf den Boden spuckt, ist für die Bindung egal – es geht hierbei vorrangig um die gemeinsame Beschäftigung.

Lassen Sie den Hund nun recht zügig mit verschiedenen Spielzeugen üben und legen Sie auch immer wieder mal eins aus, auf das Sie nur zeigen und ihm dabei das Signal zum Bringen geben. Hebt er es auf, wird er kräftig gelobt, denn dann hat er auf jeden Fall verstanden, was Ihr Signal bedeutet. Je mehr verschiedene Spielzeuge der Hund apportieren darf, umso besser wird er das Bringsignal generalisieren und umso eher kann er Ihnen schon bald alle möglichen Gegenstände bringen. Wenn der Hund das Platz-Bleib kennt, kann man auch dazu übergehen, verschiedene Sachen zu verstecken oder auszulegen, während der Hund wartend dabei zusieht. Anschließend bekommt er dann das Bringsignal.

Das Lieblingsspielzeug ist perfekt geeignet, um das Bringen von Gegenständen aufzubauen. (Foto: Nicole Röder)

Methode 2: Wenn der Vierbeiner nicht gern Gegenstände aufnimmt, empfiehlt es sich, zunächst mit einem Futterbeutel zu arbeiten, um ihm das Apportieren schmackhaft zu machen. Dieser ist weich, lässt sich angenehm tragen und enthält zudem tolle Leckereien.

Im ersten Schritt konditionieren Sie Ihren Hund auf den Beutel, indem Sie ihm mehrere Mahlzeiten daraus füttern. Sie füllen das Hundefutter also statt in den Napf in den Beutel und halten diesen fest, während der Hund daraus frisst. Fängt Ihr Vierbeiner nun an zu sabbern oder bekommt er leuchtende Augen, wenn Sie den Beutel in die Hand nehmen, können Sie zum nächsten Schritt übergehen: Legen Sie den gefüllten und geschlossenen Beutel auf den Boden. Nimmt der Hund ihn auf, nehmen Sie den Beutel sofort an sich und füttern Ihren Hund daraus. Jetzt gehen Sie schrittweise dazu über, dass Sie den Beutel in Hundenähe ablegen bzw. nur etwa eine Armlänge weit wegwerfen. Der Hund weiß inzwischen, dass es sich lohnt, den Beutel aufzunehmen, weil ja etwas Leckeres drin ist. Sobald er sich also zu diesem hinbewegt, wird er kräftig angefeuert und gelobt, damit er weiter dranbleibt. Das heißt: Sie sagen bei der Bewegung auf den Beutel zu das Bringsignal („Bring mit", „Apport" oder Ähnliches) und sobald der Hund ihn mit der Schnauze berührt, wird gemarkert und er bekommt sei ne Bestätigung aus dem Beutel. Werfen Sie anfangs also nicht zu weit, damit Sie schnell beim Hund sind zum Belohnen.

Sobald der Hund den Beutel sicher aufnimmt, wird nur noch das Aufnehmen geclickt und verstärkt. Als Nächstes gehen Sie dann wenige Schritte rückwärts, sobald der Hund den Beutel im Maul hat, und animieren ihn dazu, Ihnen zu folgen. Es wird bei den meisten Hunden nicht allzu lange dauern, dies umzusetzen. Immerhin gibt es die tolle Belohnung aus dem Beutel – da lohnt es sich, ihn ein paar Schritte zu tragen. Klappt auch das, können Sie den Beutel etwas weiter wegwerfen und weiter rückwärtsgehen, sobald der Hund diesen aufgenommen hat.

Speziell Hunde, die sich beim Apportieren sehr schwertun, machen im Verlauf dieser Teamarbeit mit ihren Menschen eine schöne Entwicklung durch. Man kann förmlich sehen, wie stolz sie darauf sind, ihrem Zweibeiner irgendwann die Beute zu bringen. Für die Bindung ist es ein toller Teamerfolg, wenn man hierbei viele kleine Etappensiege erringen darf.

Auch bei dieser Methode sollte man den Hund erst mal mit der Leine sichern, damit er sich nicht mit dem Beutel aus dem Staub machen kann.

Das Festhalten und Abgeben

Ob der Hund den gebrachten Gegenstand nun irgendwo bei seinem Menschen ausspuckt oder ihm diesen in die Hand gibt, ist für die Bindung völlig egal. Wer aber gerne noch diesen letzten Schritt in sein Apportier-Programm aufnehmen möchte, kann es wie folgt trainieren:

Methode 1: Diese Methode eignet sich besonders gut für Hunde, die nicht gern loslassen. Kommt der Hund mit dem Gegenstand zu Ihnen, greifen Sie sofort danach, sagen Ihr Abgabesignal und zaubern gleichzeitig ein Superleckerchen zum Tauschen hervor. Hat der Hund verstanden, dass es für die Abgabe eine besondere Belohnung gibt, zögern Sie das „Aus"-Sagen schrittweise hinaus. So lernt der Hund, dass er so lange festhalten soll, bis Sie ihn „erlösen". Lässt er zu früh los, geben Sie ihm den Gegenstand einfach nochmal in den Fang, damit er sich die Belohnung im zweiten Versuch verdienen kann. Sagen Sie das Abgabesignal nun jedoch etwas schneller, damit der Hund erfolgreich ist.

Methode 2: Hat Ihr Hund Schwierigkeiten damit, etwas lange festzuhalten, liegt der Belohnungsfokus eher darauf als auf der Abgabe. Das funktioniert am besten mit einem Markersignal: Geben Sie dem Hund etwas ins Maul und markern Sie schon das erste kurze Zupacken. Zur Unterstützung halten Sie anfangs das Spielzeug noch mit fest bzw. halten die Hand direkt darunter. Der Hund packt kurz zu – es folgen Click und

Der Hund bekommt den Futterbeutel gereicht, und schon das Zupacken und kurze Festhalten wird gemarkert. (Foto: Nicole Röder)

> ### Achtung!
>
> *Denken Sie bei allen Übungen daran, in kleinen Schritten vorzugehen. Beginnen Sie mit leichten, einfach zu fassenden Gegenständen und verlangen Sie nicht gleich, dass Ihr Hund ein Einkaufskörbchen oder gar eine Tüte Brötchen trägt. Je sorgfältiger Sie das Bringen und Festhalten erarbeiten, desto sicherer wird die Übung sitzen und desto mehr Varianten können Sie sich im Lauf der Zeit ausdenken.*

Leckerchen. Nun wird die Dauer, bis der Click kommt, ganz langsam ausgedehnt. Zupacken – Click, Leckerchen; Zupacken (innerlich zählen: eins, zwei) – Click, Leckerchen; Zupacken (innerlich bis fünf zählen) – Click, Leckerchen und so weiter. Es erfordert einiges an Ausdauer, bis der Hund gelernt hat, dass das Festhalten und Abwarten eigentlich ganz cool ist – aber wenn es einmal klappt, dann sitzt diese Übung in der Regel sehr sicher. Hat der Hund das Prinzip grundsätzlich verstanden, soll allerdings nicht mehr der Click die Übung beenden. Sagen Sie also „Aus", bevor Sie wie bei Methode 1 mit Leckerchen Tausch das Abgeben erst nach dem Signal belohnen.

Nutzen: Das Apportieren hat nicht nur einen praktischen Nutzen im Alltag, Apportierübungen tragen auch zur Auslastung des Hundes bei. Ein ausgelasteter Vierbeiner ist umgänglicher und orientiert sich mehr an uns, was wiederum förderlich für die Bindung ist. Apportieren macht also Mensch und Tier zufriedener und glücklicher und ist zudem ein wichtiger Bestandteil sehr vieler anderer Beschäftigungen und damit schon fast unverzichtbar in der Ausbildung des Hundes.

PLATZ-BLEIB

Da viele Spielvariationen voraussetzen, dass der Hund sicher irgendwo „geparkt" werden kann, folgt eine kurze Erklärung zum Aufbau des Platz-Bleib. Ziel ist, dass der Vierbeiner ganz sicher liegen bleibt, bis er das Signal zum Aufstehen bekommt. Um das zu erreichen, muss das Liegenbleiben zur schönsten Übung der Welt werden.

Am einfachsten lässt sich das Bleiben mithilfe des Markersignals etablieren. So kann man nämlich sehr gut und zielgerichtet auch aus einiger Entfernung dem Hund signalisieren: „Hey, du machst das gerade richtig gut!"

Der Hund legt sich also auf das „Platz"-Signal hin, bekommt seinen Marker und ein Leckerchen, dann bewegt sich der Mensch rückwärts einen Schritt weg, bleibt kurz stehen, markert, geht zurück und gibt die nächste Belohnung. Als Nächstes geht der Mensch zwei Schritte weg (Click – zurück und füttern), dann drei (Click – zurück und füttern) und so weiter. So wird peu à peu der Abstand zum Hund erhöht und immer aus der Entfernung geclickt, um dem Hund zu zeigen, dass das Bleiben die perfekte Entscheidung ist.

Beim Belohnen unbedingt so tief zum Hund beugen und das Leckerchen von unten geben, dass der Hund nicht aufstehen muss, um es zu nehmen. Und Achtung: Die Distanz nicht direkt von fünf auf 20 Schritte erhöhen und auch zwischendurch mal wieder die Schrittzahl reduzieren, bei der gemarkert und belohnt wird.

Wenn man die Übung beenden möchte, dann gibt man dem Vierbeiner ein Auflösesignal (wie „Auf", „Okay" oder „Los"). Anfangs kann man dazu ein Leckerchen von ihm wegwerfen, damit er überhaupt auf die Idee kommt, trotz der stetigen Leckerli-Lieferungen nun aufzustehen.

Wenn der Hund das Liegenbleiben bis zum Auflösesignal grundsätzlich verstanden hat, sollte man auch mal ein paar Schritte nach rechts und links einbauen und letztlich auch mal seitlich hinter den Hund gehen und/oder wenige Schritte von ihm weglaufen. Das alles aber erst, wenn die einfachere Variante zuverlässig klappt.

Falls der Hund doch mal zwischendurch aufsteht, bekommt er sofort das Signal, sich wieder hinzulegen. Beim nächsten Versuch sollte man sich dann nur wenige Schritte entfernen, damit der Hund wieder ein Erfolgserlebnis hat. Nach diesem Schema kann man mit dem Hund das Bleib in jeder Position, egal ob nun Platz, Sitz oder Steh, einüben!

Beim Platz-Bleib anfangs nicht zu weit weggehen, schnell markern und dann den Hund per Lieferservice in der Position belohnen. (Foto: Nicole Röder)

(Foto: Nicole Röder)

LASSET DIE SPIELE BEGINNEN

Los geht's mit bindungsfördernden Spiel- und Beschäftigungsideen! Dabei kommt körpernahen Aktivitäten eine Sonderrolle zu, weil sie die Ausschüttung bestimmter Hormone bewirken, die zusätzlich die Bindung verstärken.

Fast alle vorgestellten Ideen verfolgen auch einen oder mehrere erzieherische Aspekte und sind damit nicht nur als Bindungs-, sondern ebenso als Erziehungsspiele anzusehen. Hier nun einige Ideen, um Spiel, Spaß und Erziehung einfach und spannend unter einen Hut zu bringen.

Körpernahe Spiele

Die Devise lautet: Je näher und gemeinsamer, desto besser. Besonders hervorzuheben sind Zerrspiele, die man von Welpenbeinen an ins tägliche Beschäftigungs- und Spaßprogramm integrieren sollte. Auch das Einüben von körpernahen Tricks und beruhigenden Massagen bzw. Kuschelstunden fallen in diese Rubrik. Viel Körperkontakt ist grundsätzlich eine gute Idee!

ZERRSPIELE

Egal ob Welpe, Junghund oder erwachsener Hund – fast alle lieben es, gemeinsam mit ihrem Zweibeiner wie wild an einem Tau, Zergel oder einem schlichten Handtuch zu zerren, ein wenig vor sich hin zu knurren und auszutesten, wer denn nun eigentlich der Stärkere ist. Auch für uns Menschen ist diese Art der Toberei eine willkommene Abwechslung. Wann sonst kann man sich nochmal wie ein Kind benehmen, auf Knien über den Boden robben und dabei unartikulierte Laute von sich geben?

Ist man mit seinem Hund in ein solches Spiel vertieft, gilt es, folgende Regeln zu beachten, damit das Spiel nicht ausartet und seinen bindungsfördernden Zweck erfüllt:

- Etablieren Sie ein Signalwort, mit dem das Spiel erst beginnen darf – so können Sie auch ganz nebenbei an der Impulskontrolle arbeiten. Der Hund soll erst ins Spielzeug beißen, wenn er dazu aufgefordert wird, und es auch ohne Umschweife wieder loslassen, wenn sein Mensch das möchte.

- Wichtig ist, dass der Hund die Bedeutung des Signals „Aus"/„Gib her"/„Lass los" verinnerlicht hat. Üben Sie dazu immer wieder das Eintauschen dessen, was der Hund gerade hat, gegen etwas Gleich- oder Höherwertiges. Loslassen soll nämlich Spaß machen und keine Frustration erzeugen!
- Auch wenn es beim gemeinsamen Zerren wild zugehen kann und soll: Gebissen wird nur ins Spielzeug, nicht in Hände, Shirt oder Hose. Sonst ist leider sofort Schluss mit Toben.

So wird's gemacht: Ein Zergel sollte in keinem Hundehaushalt fehlen und das Toben damit ist denkbar einfach und actiongeladen. Nicht nur vonseiten des Vierbeiners! Wir beleben das Zerrseil, indem wir es über den Boden ziehen; alleine damit spielen und es für uns selber total schönreden. Da werden dann selbst eher spielfaule Hunde auftauen und Interesse an diesem Objekt entwickeln, dem der Mensch gerade so viel Aufmerksamkeit schenkt. Wenn der Hund dann reinbeißt, feuern wir ihn (je nach Temperament und Beißfreude des Hundes) an, ziehen mit ihm hin und her, lassen das Zergel auch mal fallen, holen es uns wieder etc. Wichtig ist, dass Hund und Mensch richtig viel Spaß miteinander haben und zwar so viel, dass rundherum alles andere in Vergessenheit gerät.

Varianten: Bei allem Zerrspaß sollte die Signalkontrolle nicht vergessen werden. Wir sagen also immer mal wieder, dass der Hund das Spielzeug hergeben soll, lassen ihn dann sitzen oder liegen, bewegen das Zergel wild hin und her und lassen ihn erst auf unser Signal hin wieder reinbeißen. Wir zerren, sagen „gib her" und werfen das Zergel weg, ohne dass der Hund hinterherrennen darf, und lösen dann kurz danach auf, damit der Hund es holt. Um das Signal zum Hergeben zu verbessern, können wir mit dem Zergel wild ziehen, das Signal zum Loslassen sagen und sofort ein anderes, sehr beliebtes Spielzeug präsentieren. So kann man auch immer wieder mal zwischendurch mit mehreren Zergeln spielen und dabei die Signalkontrolle verbessern. Auch das Zerren als Belohnung für einen gut gelungenen Rückruf sollte unbedingt immer mal wieder stattfinden. So

Wichtig!

Richtig zergeln will gelernt sein. Es reicht nicht, dem Hund einfach nur das Zerrseil anzubieten und auf ein gemeinsames Spiel zu hoffen. Der Mensch muss sich schon richtig ins Zeug legen und die „Beute" beleben, damit sie wirklich reizvoll wird. Ein Hund, der gelernt hat, dass das Spiel mit dem Menschen das Tollste auf der Welt ist, der kann auch aus aufregenden Situationen heraus abgelenkt und auf seinen Zweibeiner konzentriert werden. Zergeln ist zum Beispiel bestens als Superbelohnung einsetzbar oder dann, wenn der Hund brav am Lieblingsfeind vorbeigegangen ist und sich seiner aufgestauten Energie entledigen muss.

stärken wir sowohl die Teamspielfähigkeit als auch das Rückrufsignal.

Nutzen: Je ausgelassener das Zerrspiel ist, umso mehr Energie kann der Hund kurzfristig loswerden – allerdings auch Erregung aufbauen. Also immer drauf achten, dass das Spiel noch in einem kontrollierbaren Rahmen bleibt! Das gemeinsame Zergeln ist eine der schönsten und ausgelassensten Beschäftigungen, die wir dem Hund bieten können. Und sie hat unglaublich viele positive Nebenwirkungen. Ab und zu mal ein spontanes Spiel beim Spaziergang – und die Aufmerksamkeit des Hundes wird stets auf uns gerichtet sein, denn es ist es ja jederzeit möglich, dass wir gleich die super Jagd-Zerr-Sequenz vom Stapel lassen. Und das will sich kein Hund entgehen lassen. Ein gerne spielender Hund wird zudem während des Zerrens von Glückshormonen geflutet, und diese positiven Gefühle werden automatisch mit unserem Anblick verknüpft. Das ist der ultimative Beziehungskleber überhaupt!

Um den Hund für Zerrspiele zu begeistern, sollte man immer verschiedene Spielzeuge ausprobieren. (Foto: Nicole Röder)

Wenn der Hund nicht spielen will

Wer einen Welpen oder Junghund hat, der braucht in der Regel nicht viele Versuche, um eine tolle Spielmotivation aufzubauen. Schwieriger kann es sein, wenn ein erwachsener Hund einzieht, der entweder nie gelernt hat, mit dem Menschen zu toben, oder dem seine Spielaufforderungen in der Welpenzeit „ausgetrieben" wurden. Hier muss Mensch sich dann schon einiges einfallen lassen, um schrittweise wieder Begeisterung rauszukitzeln.

Hilfreich ist es zunächst, verschiedene Arten von zerrtauglichen Spielzeugen auszuprobieren, denn häufig ist es für unbedarfte Hunde einfacher, etwas anzunehmen, das weicher oder länger ist (um anfangs nicht zu nah am Menschen zu sein). Manche Hunde stehen total auf Filzzergel, während es für andere das quietschende Möppie sein muss. Wieder andere rasten bei dem Anblick von Kunstpelz positiv aus, während die nächste Gruppe nur auf reißende T-Shirts oder mit Leckerchen gefüllte Socken steht. Aber eins ist für alle gleich: Das Spielzeug muss sich bewegen! Stellen Sie sich also vor, ihr Hund wäre die ungeschickteste Katze der Welt, der sie nun irgendwie das Jagen beibringen müssen – keine Angst vor Verrenkungen und vielen, vielen Versuchen. Es wird sich lohnen!

BINDUNG DURCH WELLNESS

Die meisten Hunde genießen es, sich von ihren Menschen ordentlich durchkneten zu lassen. Den Hund öfter mal bewusst zu kraulen hat nicht nur den Vorteil, dass wir eventuelle Verletzungen oder Hautveränderungen schnell bemerken. Das gemeinsame Kuscheln ist ein wahrer Balsam für die Seele – für die des Menschen als auch für die des Hundes. Wie bereits erwähnt, wird dabei das körpereigene Bindungs- und Glückshormon Oxytocin ausgeschüttet – und das ganz nebenbei und ohne viel Aufwand.

So wird's gemacht: Ob auf dem Boden oder auf der Couch ist egal – Hauptsache, Sie widmen Ihrem Hund für ein paar Minuten Ihre volle Aufmerksamkeit. Rufen Sie ihn zu sich, bitten Sie ihn, sich hinzulegen, und beginnen Sie, seine Ohren zu kraulen. Gehen Sie nun dazu über, mit den Händen in kreisenden Bewegungen von den Ohren, entlang des Halses über den Brustkorb bis zu den Hinterbeinen zu streichen. Selbst eher unruhige Gesellen werden sich schon nach kurzer Zeit aus der Platzposition auf die Seite legen. Bei vielen Hunden dauert es auch nicht lange, bis sie sich auf den Rücken drehen, um sich den Bauch kraulen zu lassen. Besonders kreisende Bewegungen mit der flachen Hand und leichtem Druck über den kompletten Hundekörper bringen dem Hund tiefe Entspannung.

Varianten: Massieren Sie Ihren Hund auch einmal mit einem Igelball! Die stacheligen Bälle eignen sich wunderbar dazu, den Hund in einen tiefenentspannten Zustand zu versetzen, sein Gewebe zu lockern und die Durchblutung anzuregen. Beginnend am Hals rollt man den Ball in Fellrichtung mit sanftem Druck am Hundekörper entlang. Hierbei darauf achten, dass man über Knochen ohne Druck rollt, weil das für die meisten Hunde eher unangenehm ist.

Wichtig: Die Massage mit dem Igelball ist eher für kurzhaarige Hunde geeignet, da sich lange Haare in den Noppen verfangen können. Zudem ist immer darauf zu achten, dass akut kranke, fiebrige oder Hunde mit offenen Wunden nicht zu massieren sind. Bei Unsicherheiten immer nur nach Rücksprache mit dem Tierarzt oder dem Physiotherapeuten selbst Hand ans Tier legen.

Das bringt es: Gerade Hunden, die häufig eher überdreht sind und sich nicht so leicht entspannen können, hilft die regelmäßige Massage beim Abschalten. Bei diesem Ritual erfahren sie, dass sie nicht immer alles im Blick behalten müssen, sondern sich „gehen lassen" können, während wir unsere Aufgabe als Beschützer wahrnehmen.

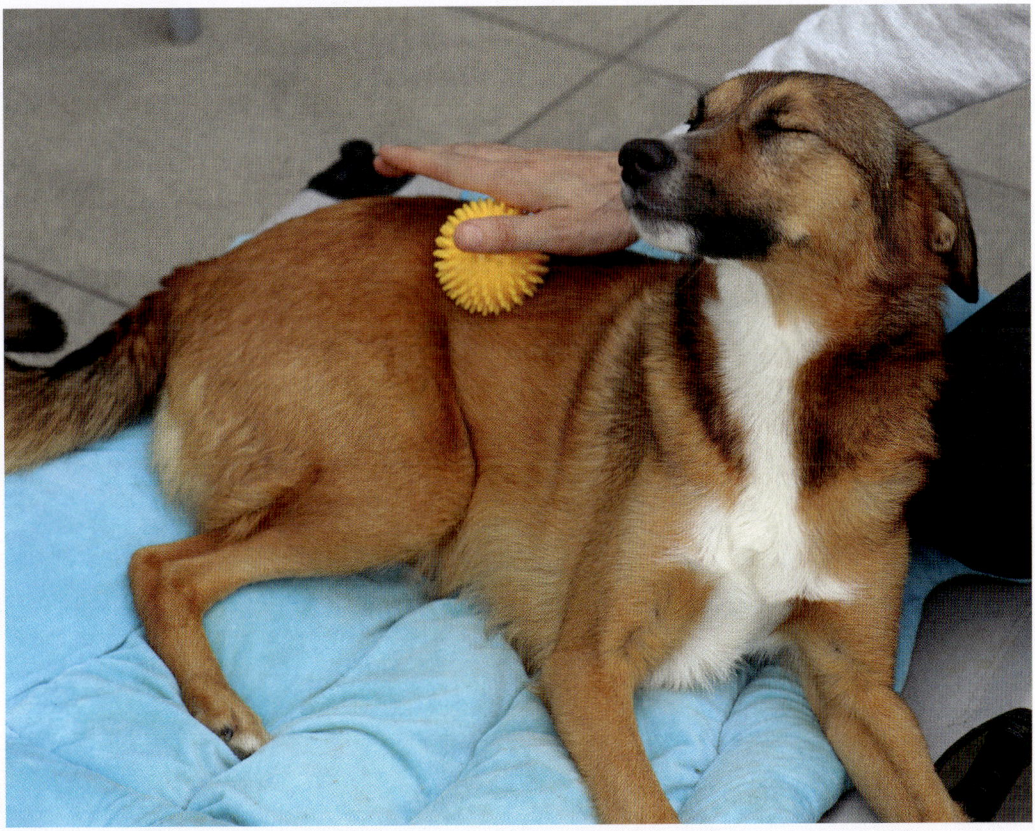

Panina genießt die Massage mit dem Igelball sichtlich. (Foto: Nicole Röder)

Konditionierte Entspannung

Wer bewusst mit seinem Hund kuschelt, um ihn (und sich selbst) zu entspannen, für den ist es nur ein ganz kleiner zusätzlicher Schritt, ein spezielles Signal zum Runterfahren aufzubauen. Ein solches Entspannungssignal kann in oder nach Erregungssituationen für den Hund sehr hilfreich sein. Dazu immer wieder – während der Hund gekrault oder massiert wird und dabei ist, sich tief zu entspannen – ein bestimmtes Wort nennen (z.B. in tiefer, beruhigender Tonlage „ganz ruhig" oder „schön schlafen" sagen). Wie bei jeder Konditionierung wird auch hier das Wortsignal mit der Empfindung verknüpft.

Eine Variante, um das Alleinbleiben entspannter zu gestalten, kann auch sein, dem Hund immer beim entspannten Kraulen ein bestimmtes Musikstück vorzuspielen oder einen Duft (z. B. leichter Lavendelgeruch) in seiner Nähe auszulegen. So hat man noch ein paar Trümpfe in der Hand, wenn man den Vierbeiner mal länger alleine lassen muss, die Bauarbeiter einen Heidenlärm veranstalten oder der Hund in neuer Umgebung warten soll. Ist die Entspannung gut konditioniert, kann man dem Hund damit in vielen aufregenden Situationen helfen.

Die Massage mit dem Igelball trainiert auf spielerische Art den Hund darin, sich auch mal mit ungewohnten Dingen berühren zu lassen. Außerdem lernt er zu unterscheiden, wann ein Ball als Spielzeug und wann als Entspannungsgegenstand gedacht ist.

Für den Hund als Sozialwesen ist diese Form des Kontaktes zu seinen Bezugspersonen sehr wichtig. Sie stärkt in jeder Hinsicht das Vertrauen. Und die Fähigkeit, sich an verschiedenen Orten zu entspannen, ist gut und wichtig für alle Beteiligten. Nehmen Sie sich also regelmäßig die Zeit, ausgiebig mit Ihrem Hund zu kuscheln.

ARM-PFOTE-DRÜCKEN

Arm-Pfote-Drücken ist ein tolles körpernahes Spiel, das nicht nur das Vertrauen in der Interaktion stärkt, sondern auch eindeutig in den Wellnessbereich fällt.

So wird's gemacht: Zunächst einmal darf der Hund sich in die Rückenlage begeben. Setzen Sie sich entspannt neben ihn, lassen Sie den Hund sich hinlegen und beginnen Sie, ihn zu kraulen. Bei den meisten Hunden dauert es nicht lange, bis sie sich auf den Rücken rollen, damit ihr Bäuchlein auch richtig durchgeknetet werden kann. Hier beginnen Sie dann schon, ein Wort für „genau so liegen bleiben" zu etablieren. Im nächsten Schritt positionieren Sie sich so, dass Sie entweder hockend oder stehend neben dem Hund sein können, ohne dass dieser sich zur Seite rollt oder aufsteht. Sie sehen: eine kleine Herausforderung und erneute Vertrauensübung.

Nun markern Sie den Hund dafür, dass er, sobald Sie seinen Pfotenballen mit der flachen Hand berühren, diesen leichten Druck aushält. Im weiteren Verlauf bestärken Sie den Hund, sobald er Gegendruck ausübt. Dieses Spiel ist für alle vier Pfoten gedacht und kann, sobald der Hund verstanden hat, dass er Gegendruck ausüben soll, immer für zwei Pfoten parallel ausgeübt werden.

Varianten: Wenn der Hund in der Rückenlage verharrt und eine gewisse Körperspannung aufrechterhalten kann, können Sie aus dieser Wellness-Einheit einen lustigen Trick entwickeln. Dazu kann der Hund beispielsweise ein leichtes Tablett oder Ähnliches auf den Pfoten balancieren. Alternativ üben Sie, dass er mit seinen Pfoten Ihrer Hand einfach näherkommt und zwar so abwechselnd, dass es an die Übung aus dem Sportunterricht erinnert, in der man als Mensch „Fahrrad" in der Luft fährt.

Nutzen: Dieses Spiel erhöht das Körperbewusstsein des Hundes und baut noch mehr Vertrauen zueinander auf.

RÜCKENMASSAGE MIT HUND

Die bloße Anwesenheit eines Hundes wirkt sich positiv auf das Wohlbefinden des Menschen aus, aber da geht noch mehr: Lassen Sie Ihren Hund zu Ihrem Masseur werden!

So wird's gemacht: Für den Anfang ist es eine gute Idee, wenn man eine Hilfsperson involviert. Legen Sie sich mit dem Bauch auf den Boden und strecken Sie sich lang aus. Ihre Hilfsperson motiviert nun den Hund, sich auf Sie zu stellen. Was sich einfach anhört, fällt vielen Hunden unglaublich schwer. Bestätigen Sie kleinschrittig jede Annäherung und freuen Sie sich extrem, wenn der Hund sich überwindet und erst mit einer, dann mit zwei

In der Rückenlage lässt sich Wellness besonders gut genießen. (Foto: Nicole Röder)

und letztlich mit allen Pfoten auf seinem Menschen steht. Dann kann man ihn einmal über den Rücken rauf und runter laufen lassen und mit Jackpot belohnen.

Varianten: Hat der Hund erst mal die Scheu überwunden, auf seinem Menschen rumzuklettern, kann man darauf aufbauend die tollsten Kunststücke einstudieren.

Nutzen: Natürlich stehen Spaß und Vertrauen im Vordergrund. Einen echten Massageeffekt darf niemand erwarten, dafür aber umso mehr Freude an der Kooperation. Für die Rückenmassage sollte man vorab überlegen, ob Krallenlänge und Gewicht des jeweiligen Hundes angenehm auf dem eigenen Körper sind.

Jagdspiele

Bei Jagdspielen sind fast alle Hunde sofort mit Begeisterung dabei. Denn solche Spiele sprechen die Urinstinkte des Hundes an, und es empfiehlt sich, regelmäßig dafür zu sorgen, dass er dieser Leidenschaft wenigstens annähernd und in geregelten Bahnen nachgehen kann. Wenn zwei befreundete Hunde miteinander spielen, kann man schnell sehen, wie wichtig das gemeinsame Rennen und Balgen ist und wie glücklich die Vierbeiner nach solchen ausgewogenen Spielsessions sind. Natürlich können wir diese Renn- und Balgspiele nicht mal ansatzweise imitieren. Müssen wir aber auch gar nicht. Neben den erwähnten Zerrspielen können wir auch weitere Sequenzen, die dem Hund angeboren sind und die er im Spiel mit Artgenossen auslebt, im Mensch-Hund-Team nachspielen. Bewährt haben sich in diesem Zusammenhang vor allem die Beschäftigung mit dem Futterbeutel und der Reizangel. Aber auch das klassische Bällchen sollte man, richtig eingesetzt, nicht außer Acht lassen.

FUTTERBEUTEL

Der Futterbeutel oder Preydummy ist ein Leinensäckchen, das mit Leckereien gefüllt werden kann und als Ersatzbeute dienen soll. In den Augen unserer Hunde ist er sicher nicht wirklich ein Ersatz für ein Kaninchen oder anderes jagdbares Getier. Er ist aber in jedem Fall eine wunderbare Möglichkeit, auch wenig apportier- oder suchbegeisterte Hunde davon zu überzeugen, dass Suchen, Holen und Bringen Spaß machen können. Immerhin spuckt so ein Preydummy wie von Zauberhund etwas Leckeres aus, wenn man ihn brav bei seinem Menschen abliefert.

So wird's gemacht: Die Spielmöglichkeiten mit dem Futterbeutel sind nahezu unbegrenzt und besonders gut geeignet für Hunde, die einfache Spielzeuge eher uninteressant finden. Zu Anfang zeigt man dem Hund, dass der Beutel mit schmackhaften Sachen gefüllt ist, lässt ihn (während man den Dummy festhält) daran schnuppern und füttert ihn kurz daraus. Dann legt man das Teil in Sichtweite, lässt den Hund den Beutel aufspüren und füttert ihn wieder daraus. Ziel ist immer, dass der Hund die Beute zu seinem Men-

Den befüllten Futterbeutel zu „erjagen" macht großen Spaß. (Foto: Nicole Röder)

schen bringt (siehe auch Kapitel „Bringen und Festhalten") oder anzeigt, wo die Beute liegt, um dort vom Menschen daraus gefüttert zu werden. Der Hund sollte sich nicht allein daraus bedienen. Denn auch hier geht es darum, dass nur die Teamarbeit mit dem Menschen zum Ziel führt. Wenn der Vierbeiner dazu neigt, den Dummy verschleppen zu wollen, kann man entweder den Hund, gesichert an einer Schleppleine, auf Suche schicken und ihn dann nach Auffinden vorsichtig zu sich angeln. Oder man befestigt den Dummy an einer langen Leine und sorgt so dafür, dass der Vierbeiner nicht mit der Beute verschwinden kann. Nach wenigen Übungseinheiten wird der Hund aber verstanden haben, dass er nur an den Inhalt kommt, wenn er den Beutel zu seinem Menschen bringt oder anzeigt, wo der Dummy sich befindet.

Varianten: Man kann dem Hund (vor allem solchen, die nicht gerne apportieren) alternativ beibringen, den Dummy durch Bellen oder Hinlegen anzuzeigen. Das Warten bei der Beute führt dann dazu, dass die Belohnung durch den Menschen erfolgt, sobald dieser aufgetaucht ist. Auch kann man den Dummy an den unmöglichsten Stellen verstecken und dann gemeinsam mit dem Hund auf die Suche gehen. Erhöht in einer Astgabel oder an den Stufen einer Leiter wird es nochmal viel aufregender für den Vierbeiner, sich auf die Suche zu begeben, und der Mensch hat eine ganz aktive Rolle im Herankommen ans Zielobjekt. Auch das plötzliche Fallenlassen der Beute, während man sich auf dem Spaziergang befindet, macht jede Menge Spaß. Speziell dann, wenn der Hund gar nicht mitbekommen hat, dass man das Ding fallengelassen hat und man ihn plötzlich auf die Suche schickt.

Mit ein bisschen Fantasie lassen sich immer wieder neue Ideen entwickeln und Verstecke finden, die dazu dienen, gemeinsam mit dem Hund einer von Erfolg gekrönten „Arbeit" nachgehen zu können.

Nutzen: Die gemeinsame Jagd nach dem Dummy und das Verfüttern der Beute durch den Menschen ist eine auslastende, konzentrationsfördernde und vor allem bereichernde Aufgabe für das Mensch-Hund-Team. Hier stehen die Zusammenarbeit und der Spaß absolut im Fokus, sodass solche Aktivitäten definitiv auf der Liste der besonders bindungsfördernden Spiele stehen.

REIZANGEL

Eine Reizangel ist nichts anderes als ein Stock mit einer Schnur dran, an deren Ende ein Spielzeug befestigt ist – eben etwas, das sich gut bewegen lässt und das der Hund jagen möchte. Der Einsatz der Reizangel ähnelt einem Spiel, das typischerweise mit Katzen gespielt wird: Die schnellen Bewegungen des an der Angel befestigten Objekts (zum Beispiel Futterbeutel, Tuch, Socke oder Zergel) animieren den Hund zum Hinterherjagen. Er wird versuchen den „zum Leben erwachten" Gegenstand zu erbeuten.

So wird's gemacht: Das Objekt der hündischen Begierde wird an der Reizangel befestigt und vom Hund wegbewegt. Über den

Boden ziehen, im Kreis, im Zickzack oder auch mal in kleinen Sprüngen – es ist alles erlaubt, was den Hund interessiert. Das Besondere am Reizangel-Spiel ist aber, dass der Fokus darauf liegt, dem Hund das Einfangen der Beute nicht einfach so zu ermöglichen. Vielmehr geht es bei dieser Beschäftigung darum, an der Impulskontrolle des Vierbeiners zu arbeiten.

Varianten: Wer bereits Platz und Bleib aufgebaut hat (siehe Kapitel „Platz-Bleib"), der kann sich an folgende Variante herantasten: Der Hund bleibt liegen, während sich die Beute in seinem Sichtfeld hin und her bewegt. Markern Sie unbedingt frühzeitig fürs Liegenbleiben und gehen Sie sehr behutsam vor. Selbst ein gut etabliertes Bleib bedeutet nicht, dass der Hund immun gegenüber allem ist, was vor seiner Nase rumtanzt. Aber mit dem Reizangel-Spiel kann er es werden!

Stellen Sie sich neben den liegenden Hund, schwenken Sie die Reizangel in möglichst weitem Abstand ganz langsam vor ihm und markern und belohnen Sie währenddes-

Eine Reizangel kann man im Handel kaufen oder einfach selbst basteln. (Foto: Nicole Röder)

sen wirklich sehr viel und großzügig. Wenn das gut und entspannt funktioniert, dann können Sie die Beute schneller bewegen, irgendwann richtig tanzen lassen, das Bleib auflösen und den Hund zur Belohnung hinterherschicken. Aber alles ganz in Ruhe, immer mit viel Lob und großzügigen Belohnungen auch im Platz.

Falls der Hund sich nicht beherrschen kann und einfach aufsteht: Reizangel loslassen bzw. sofort aufhören, diese zu bewegen (damit der jagdliche Reiz weg ist), den Vierbeiner wieder zu sich holen, nochmal hinlegen und dann erst mal wieder das Liegenbleiben ohne Ablenkung clicken und bestärken. Offenbar war die Ablenkung doch noch zu groß und die Freude am Liegenbleiben noch zu gering. Werten Sie das Bleiben weiter auf und reduzieren Sie die Ablenkungsbewegungen oder die Entfernung des sich bewegenden Spielzeugs.

Nutzen: Bei dieser gemeinsamen Betätigung liegt der Fokus vor allem auf der Schulung der Impulskontrolle des Vierbeiners. Aber auch die körperliche Auslastung kommt nicht zu kurz und daher ist die Arbeit mit der Reizangel hervorragend für Tage geeignet, an denen man nicht die Zeit für ausgiebige Spaziergänge hat.

BÄLLCHENSPIEL?

Ob Bällchen oder anderes Spielzeug: Das reine, monotone Wegschleudern eines Spielzeugs, dem der Hund stupide immer wieder hinterherrennt, abrupt stoppt, es dem Menschen wiederbringt und dann erneut geworfen bekommt, ist definitiv kein Bindungsspiel. Von der ungesunden Belastung durch die vielen Stopps einmal ganz abgesehen, ist das Spielzeugwerfen so nicht zu empfehlen. Aber mit Bällchen und Co kann man viele andere schöne Dinge tun.

So wird's gemacht: Einen Ball an der Schnur, ein Zerrseil oder eine gefüllte Socke kann man perfekt für Suchaufgaben nutzen: Ein solches Spielzeug kann man nicht nur hinter oder unter etwas platzieren (unter Laub, hinter einem Baumstamm, auf einer Bank etc.), sondern auch mal erhöht verstecken. Hängen Sie doch das Bällchen (oder was auch immer bei Ihrem Hund begehrt ist) knapp oberhalb des Hundekopfes an einem Ast auf oder verstecken Sie es in einem Erd- oder Baumloch so, dass nur noch ein Zipfel zu sehen ist und der Hund daran ziehen muss. Kleine Herausforderungen erhöhen den Spaß und Sie werden vielleicht erstaunt sein, wie Ihr Hund nun versucht, an sein Spielzeug heranzukommen. Helfen Sie ihm auch gerne, das Objekt der Begierde zu erreichen – so wird aus dem Suchspiel ein noch besserer Teamspaß.

Varianten: Um die Impulskontrolle des Hundes zu schulen, eignen sich Spiele besonders, bei denen der Hund dabei zusieht, wie Bällchen und Co über ihn hinwegfliegen oder an ihm vorbeirollen. Und zwar ohne, dass er hinterhersausen darf. Die Belohnung fürs brave Warten ist dann, dass der Hund auf Signal seines Menschen an den Ball darf. Lassen Sie also den Hund liegen (siehe zum

Aufbau Kapitel „Platz-Bleib"), werfen oder rollen Sie das Spielzeug über ihn oder an ihm vorbei und sobald der Vierbeiner den Blick vom gelandeten Gegenstand wieder Ihnen zuwendet, geben Sie ihm das Auflösesignal und die Erlaubnis, den Ball zu holen.

Versuchen Sie diese Variante nur, wenn Sie das Liegenbleiben bereits zu einer beliebten und zuverlässigen Übung geformt haben. Beginnen Sie damit, das Spielzeug nicht zu werfen, sondern in der Nähe des liegenden Hundes auszulegen. Clicken Sie das Liegenbleiben und belohnen Sie, indem Sie den Hund zum Spielzeug schicken. Gehen Sie in kleinen Schritten vor und werfen Sie nicht sofort das Spielzeug haarscharf am Hundekopf vorbei. Wenn das Auslegen klappt, stellen Sie sich zum Hund und werfen das Bällchen wenige Schritte von sich entfernt hin, während sie zugleich das brave Platz clicken und verstärken. Steigern Sie die Herausforderung dann schrittweise.

Sollte der Hund doch mal hinterherrennen: Nicht schimpfen! Die Ablenkung war wohl zu groß, die Selbstkontrolle hat nicht ausgereicht oder die Platz-Bleib-Übung ist doch noch nicht fest genug verankert. Clicken und belohnen Sie das Platz weiter, spie-

Ein „Bällchenjunkie" verfolgt den sich bewegenden Ball – dabei kann man auch Bälle sinnvoll für Bindungsspiele einsetzen. (Foto: Dr. Richard Maurer)

len Sie zwischendurch eine Runde mit Ihrem Hund, um dann ein anderes Mal erneut in Ruhe das Flugspielzeug zu probieren. Der häufigste Fehler ist hierbei, dass der Mensch zu schnell zu viel von seinem Partner Hund verlangt. In der Ruhe liegt die Kraft – das gilt ganz besonders bei Übungen, die vom Hund viel Selbstkontrolle voraussetzen und deshalb umso kleinschrittiger und mit umso mehr Bestätigung eingeübt werden müssen.

Nutzen: Solche Spiele dienen nicht nur der Impulskontrolle und Teamarbeit, sondern sie zeigen dem Hund vor allem auch, dass der Mensch immer wichtiger als das Spielzeug ist. Außerdem beugt man so gelenkbelastenden Sprints und Abbremsungen vor, da der Hund sehr viel kontrollierter an den Ball kommt. Er weiß ja schließlich, wo dieser liegt, und muss nicht aus vollem Lauf hinterherrasen.

Achtung!

Bitte auf keinen Fall Tennisbälle verwenden. Der Filzbelag ist sehr zahnunfreundlich und schmirgelt auf Dauer die Zähne des Hundes ab. Deshalb immer spezielle Bälle im Fachhandel kaufen.

Beim Bällchen gilt: Die Größe ist wichtig! Niemals zu klein kaufen. Das heißt: Der Hund darf nie Gefahr laufen, den Ball versehentlich zu schlucken. Lieber eine Nummer größer besorgen.

Futterspiele

Alle Hunde müssen fressen und sind von Natur aus darauf ausgerichtet, sich für ihr Futter anzustrengen und sich dieses zu erarbeiten. Daher liegt es nahe, ihnen im Rahmen von Futterspielen immer wieder neue Herausforderungen und damit Beschäftigung zu bieten. Da der Mensch die Kontrolle über eine für den Hund so wichtige Ressource hat, gewinnt er durch den Einsatz von Futter als Belohnung oder Bespaßung automatisch an Bedeutung als Bindungspartner. Besonders für Hunde, die Spielzeuge wenig interessant finden, sind Futterbelohnungen meist die wichtigste Motivationsquelle.

Wenn der Hund zu Übergewicht neigt oder Futter die Hauptbelohnung im täglichen Training für ihn ist, dann sollte man versuchen, einen Teil der Tagesration in die einzelnen Übungen und Spaziergänge zu integrieren. Gerne gemischt mit ein paar besonderen Leckerchen, sodass es als Überraschung zwischendurch immer mal etwas besonders Gutes gibt.

Immer nur Kekse, Käse, Leberwurst und Co machen in Summe nicht nur dick, sondern sind in ihrer Zusammensetzung nicht unbedingt gesundheitsfördernd. Würde man nur solche Leckerchen statt „normalem" Futter bei Spielen und Training verfüttern, könnte das schnell kritisch werden. Außerdem sollten die besonders guten Sachen immer ein Highlight bleiben für dann, wenn man eine extra hochwertige Belohnung braucht.

Aber Achtung: Es gibt in der Hundewelt Trainingskonzepte, die darauf beruhen, dass der Vierbeiner sich sein komplettes Futter über den Tag erarbeiten muss. Diese Art der Hand- statt Napffütterung wird oft als besonders bindungsfördernd empfohlen. Leider bedeutet sie für den Hund jedoch auch jede Menge Stress und geht oft mit vermehrten Verhaltensproblemen einher, bis der Hund im Tagesverlauf endlich genug Futter „verdient" hat. Die Wortneuschöpfung „hangry" aus „hungry" (engl. = hungrig) und „angry" (engl. = wütend) passt leider auch auf Hunde – vor allem die Selbstkontrolle ist eindeutig abhängig vom Blutzuckerspiegel und damit von einer regelmäßigen Fütterung.

So wird's gemacht: Die wohl einfachste, aber lustige Spielidee, die man in jedem Wohnzimmer durchführen oder in Spaziergänge integrieren kann, ist das *Leckerchen rollen/werfen*.

Beim *Leckerchen rollen* werden dem Hund die Leckereien gezeigt, nachdem man ihn kurz angesprochen hat. Hat man die Aufmerksamkeit, wirft man ein Leckerchen vom Hund weg und schickt ihn mit einer Aufforderung wie „Schnapp's dir" hinterher. Sobald er es gefressen hat und sich erwartungsvoll dem Menschen zuwendet, wirft man das nächste Leckerchen in die entgegengesetzte Richtung und schickt ihn wieder hinterher. Dies wiederholt man nun einige Male.

Rollende Leckerchen bringen Spaß auf langweiligen Asphaltwegen oder in die Wohnzimmerbeschäftigung. (Foto: Nicole Röder)

Tipp

Wer viel mit Leckerchen trainiert, sollte Folgendes beachten:

- *Das Goodie sollte möglichst klein sein, um nicht zu sättigen.*
- *Handliche Leckereien ermöglichen zeitnahes Belohnen. Wer erst noch ein großes Stück zerbröseln muss, braucht zu lange. Muss der Hund viel kauen, wird er zudem in seiner Konzentration gestört.*
- *Ganz wichtig: Um als Belohnung zu wirken, muss der Happen dem Hund schmecken! Also vorab erst mal ausprobieren, was geschmacklich besonders gut beim Hund ankommt.*
- *Für unterschiedliche Futterspiele sollte man immer eine Auswahl verschiedener Leckereien bereithalten (einige sollten im Wasser schwimmen, andere sich gut rollen lassen).*

Wer seinem Hund etwas ganz Besonderes gönnen will oder ihm aus irgendeinem Grund kein Trockenfutter geben möchte, der kann mittlerweile auch ohne größeren Aufwand sein Dosenfutter oder eine pürierte Barf-Ration als Zwischenbelohnung anbieten. Im Handel gibt es praktische Futtertuben, die es erlauben, Dosenfutter gut portioniert und ohne den Einsatz von Feuchttüchern als Belohnung einzusetzen. Sie erinnern an überdimensionierte, durchsichtige Zahnpastatuben, deren breites Ende aufgeschnitten ist. Hier befüllt man sie, verschließt die Öffnung mit einem Klipp und kann das Futter nun am anderen Tubenende portionsweise rausdrücken.
Außerdem gibt es eine große Auswahl von fertigen Leberwurst- oder Fleischcremetuben zu kaufen.

Varianten: Wenn man zusätzlich zur Aufmerksamkeit auch das Rückrufsignal bzw. überhaupt den Namen des Hundes festigen möchte, kann man jedes Mal, wenn er das eine Leckerchen gefressen hat, seinen Namen nennen (da er sich ja wieder direkt zu einem umdreht, um zu sehen, wo das nächste Leckerchen hingeworfen wird). So kann man speziell bei Hunden, die gerne mal ihren Namen überhören oder vergessen wollen, eine zusätzliche positive Einfärbung erreichen.

Anstatt die Leckereien zu werfen, kann man sie auch (sofern dazu geeignet) einfach über den Boden rollen – das macht besonders jungen Hunden viel Spaß.

Auch das bekannte Zehn-Leckerli-Spiel ist eine Variante des Kekse-Werfens. Dabei werden erst gut sichtbar für den Hund einzeln nacheinander zehn Leckerchen aus der Tasche genommen und laut in die Hand abgezählt. Währenddessen soll der Hund ruhig und aufmerksam warten und erst bei Nummer 10 geht es dann los und das lustige Werfen (Prinzip wie oben beschrieben) beginnt. Schafft der Hund es (noch) nicht, solange cool zuzuschauen, bis zehn Leckerchen gezählt wurden, kann man mit einer beliebigen kleineren Anzahl beginnen. Mit jeder Wiederholung dieses Spiels wird der Fokus des Hundes länger bei seinem Menschen bleiben.

Nutzen: Einfach mal während des Spaziergangs den Hund ansprechen und ihm eine Reihe fliegender oder rollender Leckerlis präsentieren – das erhöht nicht nur die generelle Aufmerksamkeit des Hundes in Richtung seines Menschen. Es beweist ihm einmal mehr, dass sein zweibeiniger Begleiter immer wieder für lustige Überraschungen und gemeinsamen Spaß zu haben ist. Zudem ist dieses Spiel eine gute Strategie, wenn man den Hund von etwas ablenken möchte oder seinen Stressabbau nach aufregenden Begegnungen ankurbeln will. Und auch die Impulskontrolle wird spielerisch trainiert, wenn man die Variante des Abzählens in die Hand wählt.

FUTTERBALL & CO

Im Handel gibt es verschiedenste mit Futter befüllbare Spielzeuge. Wenn der Spaziergang mal kürzer ausfallen musste, kann man dem Hund damit eine wunderbare Indoor-Beschäftigung bieten. Im Prinzip geht es immer darum, dass der Hund eine recht lange Zeitspanne damit beschäftigt ist, sein Futter aus dem Spielzeug herauszupuhlen. Entweder muss er einen Ball oder Würfel mit Nase oder Pfote durch die Wohnung rollen, um an die begehrten Leckerchen zu kommen, einen gefüllten Gummiknochen hin und her schleudern oder Nassfutter aus kleinen Öffnungen, wie z. B. bei einer Schleckmatte oder -schlange, herausschlecken.

Alle diese Formen des Futterspiels regen die Fantasie des Hundes an, schulen seine Problemlösefähigkeit und machen fast allen Hunden einfach Spaß. Solche Denk- und Bewegungsspiele können zwar auch einmal zur alleinigen Beschäftigung gereicht werden, grundsätzlich lautet aber auch hier die Devise: Gemeinsam zum Ziel!

Sich das Futter zu erarbeiten erfordert nicht nur Konzentration und fördert die Koordination – es macht auch müde und verhilft zur körperlichen und seelischen Ausgeglichenheit. Und ein ausgeglichener Hund ist eher bereit, seinem Menschen zuzuhören, ihm seine ganze Aufmerksamkeit zu schenken und sich damit also auf ihn einzulassen – eine Voraussetzung für den Aufbau einer innigen Beziehung.

Wenn im Folgenden die Rede vom Futterball ist, dann ist damit auch zugleich jegliches andere Spielzeug gemeint, das mit Futter bestückt werden kann. Egal, ob es sich um einen Ball, Cube, Knochen oder Würfel handelt.

So wird's gemacht: Das Befüllen des Spielzeugs sollte in der Regel mit passenden Trockenfutterstücken oder Leckerchen erfolgen. Trockenfutterstücke bieten sich deshalb an, weil sie mehr Platz brauchen. Da in die meisten Futterbälle erstaunlich viel reinpasst, sollte man vor allem bei Hunden, die schnell ein bisschen rund um die Körpermitte werden, das Futter wohldosiert einsetzen. Damit die Füllung aber auch für skeptische Vierbeiner interessant wird, kann man das Trockenfutter mit einigen Brocken begehrter Goodies aufpeppen.

Wenn man Schleckmatte oder Futterschlange bestückt, kann man dazu perfekt eine Kombination nehmen, die aus etwas Streichfähigem (Quark, Leberwurst, Feuchtfutter) und kleinen Trockenfutter- oder Leckerli-Brocken besteht. So wird es noch spannender für den Hund, sich mit diesen Spielzeugen zu beschäftigen. Und nicht nur im Sommer kann man diesen Spaß noch kurz einfrieren, um die Schleckausdauer besonders zu fördern.

Der Hund soll gerne beim Einfüllen des Futters dabei sein, denn so wird er zum einen in eine interessierte Grundstimmung versetzt. Zum anderen kann man hier sehr gut an der Impulskontrolle arbeiten, indem der Hund ruhig warten soll, während ein Futterbrocken nach dem anderen ins Spielzeug verschwindet (und immer mal wieder eines abfällt, das den Hund fürs brave Warten belohnt).

Mit befüllbaren Spielzeugen kann sich der Hund alleine beschäftigen oder man macht ein gemeinsames Event daraus. (Foto: Nicole Röder)

Ist der Futterball voll, wird er nicht einfach nur auf den Boden gelegt. Zuerst versetzen wir den Hund in die richtige Stimmung und kündigen ihm mit verschwörerischer Stimme an, dass gleich etwas Großartiges passieren wird. Bewährt hat sich, auch zwischendurch zu fragen: „Na, hast du Bock auf Spaß?!" Wenn der Hund dann auf Ball, Würfel oder Knochen fokussiert ist, setzen wir uns mit ihm hin und lassen ihn zuerst mal an der Öffnung schnüffeln.

Je nachdem, wie draufgängerisch, neugierig oder hungrig der Hund ist, wird er schnell anfangen, an der Öffnung herumzulutschen, um ans Futter zu kommen. Vielleicht merkt er auch sofort, dass es hilft, das Teil zu bewegen, damit das Innerste wieder rausfällt. In dem Fall: Bravo! Ansonsten: Kicken Sie selbst den Ball hin und her, schütteln Sie etwas heraus, das Sie dem Hund aus der Hand geben und unterstützen Sie verbal jede seiner Bemühungen, die Futterbrocken herauszubekommen.

Bei eher unsicheren oder gelangweilten Hunden sollten Sie anfangs ordentlich unterstützen. Helfen Sie dabei, das Spielzeug zu bewegen und achten Sie darauf, dass auch wirklich jedes Mal ein Leckerchen herausfällt, damit der Vierbeiner nicht frustriert aufgibt. Abhängig von der Frustrationstoleranz kann das sehr schnell gehen, es gibt aber selbstverständlich auch jene Kaliber, die stundenlang an einem Plastikding herumlutschen, ohne dass auch nur ein Krümel herausfällt, und das schlicht und einfach deshalb, weil sie riechen, dass irgendwo darin etwas sein muss. Zu erkennen, zu welcher Sorte Ihr Hund gehört, ist Ihre Aufgabe. Viele Hunde sind mit großer Begeisterung dabei, wenn es darum geht, sich gemeinsam mit ihrem Menschen die Lösung für das Problem der Futterbeschaffung zu erarbeiten – und was kann die Bezie-

Einsatz der Schleckmatte

Da viele Hunde sich nicht gern die Krallen schneiden oder das Fell entwirren lassen, gibt es hier noch einen Tipp, um diese Vorgänge so angenehm wie möglich zu gestalten. Man kann nicht nur jegliche Annäherung und das entsprechende Stillhalten kleinschrittig markern, sondern auch mithilfe einer Schleckmatte solche Manipulationen am Hund schönfüttern.

Im Handel erhältlich sind sogenannte Schleckmatten in verschiedenen Größen und Formen. In der Regel sind sie alle mit rutschhemmenden Noppen an der Unterseite versehen. Diese Noppen leicht angefeuchtet, lassen die Schleckmatte nicht nur am Fußboden, sondern auch an Türen oder Küchenwänden haften. So kann man den Vierbeiner stehen lassen, er schleckt und man kümmert sich derweil um Fell oder das Hergeben der Pfoten zum Krallenbearbeiten.

TIPP: Die mit Feuchtfutter, Leberwurst oder Quark bestrichene Matte vorab kurz einfrieren, damit der Hund intensiver mit ihr beschäftigt ist.

hung zwischen zwei Lebewesen besser stärken als erfolgreiches Teamwork?

Nutzen: Die verschiedenen Schritte dieser Beschäftigung beinhalten viele spielerische Erziehungs- und Teamwork-Aspekte. Beim Befüllen arbeitet man nicht nur an der Impulskontrolle des Hundes, sondern, indem man ihn beispielsweise sitzen oder liegen lässt, zugleich an den Fertigkeiten der Grunderziehung. Durch den Geräuschpegel, der beim Hin- und Herschieben des Spielzeugs entstehen kann, verhilft man dem Vierbeiner, auch laute Geräusche gelassen hinzunehmen, da sie ja etwas Positives, weil Leckeres verheißen. Wenn man dem Hund dabei hilft, die letzten Stücke auszuschütteln oder den Ball unter einem Schrank hervorzuholen, erweist man sich als perfekter Teamplayer, mit dem der Hund gerne und immer wieder zusammenarbeitet. Und nicht zuletzt verhilft das Konzept der Futterspiele zu einem müden und glücklichen Hund, der richtig was leisten durfte.

Mit ein wenig Fantasie lassen sich immer neue Futterspiele erfinden. (Fotos: Nicole Röder)

DIY-Tipp

Haushaltsgegenstände lassen sich leicht und schnell in immer wieder neue Futterspielzeuge für den Vierbeiner umwandeln. Hier einige Ideen:

- *Stopfen Sie das Futter in eine leere Küchenrolle und verschließen Sie beide Seiten mit Küchenkrepp*
- *Füllen Sie eine leere PET-Flasche zu einem Drittel mit Futter und lassen Sie dieses herausarbeiten*
- *Stecken Sie leere Joghurtbecher ineinander und dazwischen je einige Futterbrocken*
- *Nehmen Sie kleine Kartons und stülpen Sie diese über am Boden liegendes Futter*
- *Stellen Sie leere Klorollen dicht an dicht in eine Kiste und füllen Sie diese vereinzelt mit Leckereien*
- *Schnüren Sie leere Klorollen an einem Seil auf. Das Seil spannen Sie etwas über Augenhöhe des Hundes durch einen Raum oder im Garten an zwei Bäumen (Achtung bei der Indoor-Variante: So befestigen, dass nichts umfallen kann – zwei gegenüberstehende Stühle sind eher ungeeignet) und füllen Sie die darin hängenden Rollen mit Leckereien, die der Hund rausangeln darf*
- *Besorgen Sie ringförmige Leckerchen mit Loch in der Mitte, fädeln Sie diese auf und spannen Sie die Leckerchen-Leine quer durch einen Raum oder den Garten*

Ihrer Fantasie sind keine Grenzen gesetzt und glauben Sie mir: In einem Durchschnittshaushalt finden sich jede Menge Dinge, die man zu einem fantastischen Futterspiel umfunktionieren kann.

DER KONG®

Als universell einsetzbares Kautschukspielzeug hat der allseits bekannte und beliebte Kong® eine eigene Überschrift verdient. Ich beziehe mich im Folgenden auf den klassischen, befüllbaren Kong®, den es von small bis extra large gibt; von welpenweich bis besonders robust und kausicher. Jeder Hundehaushalt braucht eigentlich sogar mehrere davon, damit immer einer fertig gefüllt in der Tiefkühltruhe als Beschäftigung für Notfälle vorbereitet liegen kann.

So wird's gemacht: Der Kong® ist eigentlich ein Spielzeug, das von sehr ballbegeisterten Hunden mit Vorliebe gejagt wird, wenn der Mensch oder auch der Hund selbst diesen in die Luft wirft und aufspringen lässt. Durch seine Form ändert er nämlich sehr unvorhergesehen die Richtung und lässt damit das hündische Jägerherz höherschlagen. Wie sehr viele andere Kong®-Fans bevorzuge ich allerdings die Variante, in der der Kong® als perfekte Hülle zum Ausschlecken dient: um den Hund zu beschäftigen, während ich arbeite, oder er das Alleinbleiben kurz üben

Ein gefüllter Kong® kann auch im Garten versteckt und gemeinsam gesucht werden, bevor der Hund ihn ausschlecken darf. (Foto: Dr. Richard Maurer)

soll; um die Gewöhnung an die Box zu erleichtern oder das Warten am Rand des Hundeplatzes angenehmer zu gestalten. Ein gefüllter Kong® verspricht Schleckvergnügen pur. Und weil es gar nicht so einfach ist, alles rauszubekommen, verhilft er (durch das anhaltende Schlecken) prima beim Stressabbau.

Varianten: Die einfachste Variante ist wohl die, in der der Kong® schlichtweg mit Nassfutter gefüllt und dem Hund gegeben wird. Länger anhaltendes Fressvergnügen bietet das Multitalent unter den Spielzeugen, wenn er mitsamt Füllung eingefroren wird und/oder zusätzlich zum Nassfutter noch ein paar Kekse in den Hohlkörper gegeben werden.

Nutzen: Der Kong® ist eine prima Möglichkeit, den Hund auch mal alleine beschäftigt zu wissen oder ihm das Ausharren im Körbchen zu erleichtern, wenn er doch eigentlich viel lieber den Besucher zu Hause anspringen würde. Auch die langweiligen Restaurantbesuche, bei denen es heißt, ruhig und unauffällig unter dem Tisch zu warten, werden mit einem gut gefüllten Kong® gleich viel angenehmer. Das gehört zwar in den Bereich Erziehung, aber aus meiner Sicht doch auch in dieses Buch, in dem es vor allem darum geht, Spiel und Spaß miteinander zu verknüpfen. Schon das gemeinsame Befüllen des Kongs® (Hund schaut gebannt zu, während sein Mensch das Wunderding vorbereitet und vielleicht hin und wieder sogar mal was Gutes fallen lässt) ist aktive Bindungsförderung. Viele Hunde freuen sich auch über „Assistenz" beim Auslecken, indem der

DIY-Rezeptideen für Kong®-Füllungen

Sommerhit: Frucht-Quark-Eis

Hierzu den Kong® mit Quark füllen und Melonen-, Bananen- oder Beerenstücke hineinstecken. Dann einfrieren und als erfrischenden Snack anbieten. Dies ist auch eine prima Beschäftigung, wenn es im Hochsommer für alles andere zu heiß ist.

Ganz klassisch: Leberwurst-Käse-Geschmacksexplosion

Speziell für Hunde geeignete Leberwurst mit kleinen Käsestücken im Kong® verstecken und ihn entweder direkt oder, wenn er gefroren wurde, dem Hund reichen. Diese Kombination ist in ihrer Einfachheit und offenbar ihrem Geschmack kaum zu überbieten. Die perfekte Belohnung bei Übungen, die dem Vierbeiner eher schwerfallen und ein überzeugendes Schönfüttern erforderlich machen.

Für Figurbewusste: Cesar Salad Style

Ein bisschen Salat, ein wenig Gurke, das eine oder andere Stück Hühnchen, einen Hauch Käse und etwas Trockenfisch. Das Ganze schön klein geschnitten und mit Quark vermischt, ergibt eine besonders aufregende Geschmacks- und Beschäftigungseinheit für den geliebten Vierbeiner.

> ### *Tipp*
>
> *Wer unterwegs keinen Kong® zur Hand hat, aber den Vierbeiner trotzdem runterfahren oder ablenken möchte, der nimmt sich einfach ein paar Leckerchen in die geballte Faust und lässt den Hund durch die leicht gespreizten Finger nach diesen schlecken. Danach braucht es zwar vielleicht ein Feuchttuch zum Händewaschen, aber der Hund hat definitiv Stress abgebaut, sich angestrengt und abgelenkt.*

Mensch den Kong® für den Hund festhält und ihm so den Zugang zu den Leckereien erleichtert. Statt den gefüllten Kong® einfach vor dem Hund auf den Boden zu legen, kann man ihn irgendwo in Haus oder Garten verstecken und den Hund erst danach suchen lassen. Dazu kann man sich auch mit dem Hund gemeinsam auf die Suche begeben und ihn in höchsten Tönen anfeuern ob seiner guten Nase.

INTELLIGENZSPIELZEUGE

Inzwischen ist eine Vielzahl an sogenannten Intelligenzspielzeugen erhältlich, die sich nicht nur in Design und Material, sondern auch im Schwierigkeitsgrad enorm unterscheiden. Im Gegensatz zu den Futterbällen sind sie nicht dazu gedacht, dass sich der Hund auch allein mit ihnen amüsiert. Hier geht es immer darum, gemeinsam mit dem Vierbeiner an der Lösung zu arbeiten.

So wird's gemacht: Das Ziel ist ähnlich wie bei den Futterbällen: Der Hund soll eine oder mehrere vorher ins Spielzeug gesteckte Leckereien wieder zu Tage bringen. Um an die Leckereien ranzukommen, muss er zum Beispiel etwas mit der Pfote oder Schnauze anschieben oder wegdrücken oder, für Profispieler, sogar eine komplexe Abfolge von Aktivitäten, wie Ziehen, Drehen und Anheben, ausführen.

Gerade bei komplexen Aufgaben ist es wichtig, kleinschrittig vorzugehen und die einzelnen Abfolgen gemeinschaftlich mit dem Hund kennenzulernen. Anfangs setzen wir uns mit dem Hund hin und zeigen ihm in Ruhe, wie wir das Spiel befüllen und geben dabei kleinere (oder größere) Hilfestellungen, indem wir z. B. deutlich zeigen, woran er ziehen oder drücken soll, damit eine Leckerei erscheint. Jeden ruhig ausgeführten Schritt in die richtige Richtung bestätigen wir verbal und so wird dem Vierbeiner schnell klar, wie er der Lösung des Problems näherkommt.

Varianten: Da diese Spiele in der Regel nur eine bestimmte Lösung ermöglichen, kann man vor allem in Hinsicht auf die gemeinschaftliche Arbeit variieren. Müssen beispielsweise lose Platten in einem Turm rausgezogen oder verschoben werden, kann man dem Hund beibringen, diese Platten erst einmal festzuhalten oder in eine Kiste zu bringen und abzulegen. Je nach Spielidee ist es für den Hund möglich, zur Lösung zu gelangen, indem er etwas mit Pfote oder Nase berührt. Bringen Sie ihm doch beide Varianten bei und sagen Sie vorher an, mit welchem Körperteil er nun arbeiten soll. Wer über verschiedene solcher Spiele verfügt, kann auch ganze Reihen aufstellen, die abgespielt werden sollen. Zwischendurch kann man zur Auflockerung einzelne Apportier- oder Erziehungsaspekte einfließen lassen.

Nutzen: Auch hier ist es wieder die Kombination aus Teamwork und geistiger Auslastung, die die Beziehung zwischen den beiden Sozialpartnern festigt. Bei manchen dieser Spiele wird der Hund womöglich überhaupt keinen Ansatzpunkt finden oder sich sogar vor dem erschrecken, was passiert – aber an seiner Seite ist ja stets sein Mensch, der ihm hilft und anzeigt, wo er stupsen oder ziehen soll, und ihn für jeden richtigen Arbeitsschritt belohnt (verbal oder mit Leckereien, die er ihm aus der Hand gibt).

Selbstgemacht: Individuelle Intelligenzspielzeuge lassen sich mit etwas Fantasie aus Alltagsgegenständen herstellen. Wer handwerklich begabt ist, kann aus Holz und/oder Plexiglas sogar große Ideen verwirklichen. Hier zwei Beispiele, um den Ideenfluss anzuregen:

Das Hütchenspiel

Ein einfaches Hütchenspiel lässt sich leicht aus Joghurtbechern erstellen. Kleine Blumentöpfe oder Limonadenbecher aus Hartplastik eignen sich sogar noch besser, weil sie etwas schwerer und nicht so schnell zerkaubar sind wie Joghurtbecher. Für den Anfang sind drei Becher ausreichend. Setzen Sie sich mit den Bechern und einer Portion Leckereien vor den Hund und zeigen Sie ihm die leeren Becher. Nun stellen Sie die Becher vor seinen Augen auf den Boden. Achten Sie darauf, dass er die Becher noch nicht umschubst, sondern weiter beobachtet, was passieren wird. Nun zeigen Sie ihm ein Leckerchen und legen dieses unter einen Becher. Lassen Sie den Hund dann den richtigen Becher anzeigen. Ob er diesen nun umwirft, so lange verschiebt, bis er ans Futter kommt oder durch die Luft wirft: Die Hauptsache ist, Sie haben gemeinsam Spaß an diesem Spiel!

Hütchenspiel für Einsteiger: Der Hund darf zusehen, wie das Leckerchen unter dem Hütchen verschwindet und danach suchen. (Foto: Dr. Richard Maurer)

Beobachten Sie Ihren Hund bei diesem Spiel ganz genau. Geht er taktisch vor, wenn er nach dem Goodie sucht? Ist er zielstrebig und hat sich gemerkt, unter welchem Becher es versteckt ist? Wirft er einfach alle Becher um, Hauptsache, er kriegt die Leckerei? Fürchtet er sich vor den Bechern, die vielleicht mit einem Geräusch wegrutschen, wenn er sie beschnuppert? In dem Fall unterstützen Sie Ihren Hund verbal und halten den Becher kurz fest, bis er gemerkt hat, dass nichts passiert, sondern im Gegenteil er sich selbst eine Belohnung erarbeitet. Wenn Sie den Eindruck haben, dass es mit drei Bechern zu einfach für Ihren Hund ist, dann variieren Sie einfach und bauen Sie Komplikationen ein. Sie wissen ja nun, zu welcher Problemlösestrategie Ihr Vierbeiner greift, also gehen Sie schrittweise voran und:

- nehmen weitere Becher hinzu
- legen das Futter unter einen Becher, ohne dass der Hund vorher zuschauen darf
- lassen ihn ausschließlich den Becher umstoßen, aufnehmen oder anzeigen, unter dem auch wirklich die Leckerei versteckt ist

Der Zauberkasten

Nehmen Sie einen Pappkarton ohne Deckel und schneiden Sie an einer der beiden kurzen Seiten in die Mitte eine Aussparung in den oberen Rand. Wenn nun die Kiste „falsch" herum auf den Boden gestellt wird, ist sie nach oben geschlossen und die Öffnung, die man hineingeschnitten hat, erinnert an ein Mauseloch in einer Wand. Durch dieses Loch schieben wir einen festen Pappstreifen, an dessen Ende ein Leckerchen befestigt ist, in den Karton hinein (alternativ kann man auch einen dicken Wollfaden nehmen und das Futter daran festbinden). Pappstreifen oder Faden führen zwar weit in das Loch hinein, ragen jedoch zu einem Großteil aus der Öffnung nach draußen. Unser Hund soll dabei zusehen, wie das Leckerchen in dem Loch verschwindet, denn seine Aufgabe ist es nun, das Goodie herauszubekommen. Dabei soll er den Karton nicht zerstören oder verschieben. Ziel ist es, dass er mit Maul oder Pfote den Pappstreifen bzw. den Faden aus dem Loch zieht und so an die Leckerei herankommen kann.

Bei diesem Spiel kann man die Schwierigkeit variieren, indem man den Streifen mit dem Leckerchen mehr oder weniger weit in die Öffnung schiebt. Bei einem wenig geübten Hund sollte es schnell ein Erfolgserlebnis geben. Für die Bindung ist es sowieso gut, wenn Sie dem Hund anfangs helfen oder Tipps geben – machen Sie ihm z. B. mit Handbewegungen vor, wie er seine Pfote zum Herauskratzen des Streifens einsetzen kann.

Such- und Schnüffelspiele

Hunde sind zu enormen Riechleistungen fähig, die sie nicht nur im professionellen Rahmen ausleben können. Man muss sich nicht in der Rettungshundestaffel anmelden und den Vierbeiner zum Mantrailer oder Flächensucher ausbilden. Im Kleinen kann jeder zu Hause und unterwegs dafür sorgen, dass der eigene Hund seine phänomenal ausgestattete Nase gezielt einsetzt. So wird nicht nur der Ausflug ins Grüne interessanter. Auch

Stina sieht, wie das Leckerchen verschwindet, und hat dann die richtige Idee: Sie zieht mit dem Maul am Faden und angelt es aus dem Zauberkasten. (Fotos: Dr. Richard Maurer)

wir Menschen haben einen praktischen Nutzen davon, wenn wir unserem Hund zum Beispiel beibringen, Verlorenes wiederzubringen. Und der Einsatz des Riechorgans macht nicht nur müde, sondern es wird auch zugleich die Zusammenarbeit von Mensch und Hund gestärkt.

Die Leckerchensuche ist so simpel und bietet doch so viele Möglichkeiten: ob eingeklemmt und etwas erhöht in Baumrinden oder -stümpfen, halb vergraben in Erdhügeln oder bedeckt von Blättern oder Ästen. Den Hund sitzen und warten lassen und seine Vorfreude förmlich zu spüren, wenn er beobachtet, dass man gerade weggeht, um etwas zu verstecken, was man danach im Team sucht und findet. Das fördert die Beziehung zueinander und wertet den durchschnittlichen Gassigang auf. Nebenbei kann man ein bisschen an Impulskontrolle und Grunderziehung arbeiten.

Doch es geht noch einfacher: Lassen Sie eine ganze Handvoll begehrter Leckerchen ins hohe Gras regnen und für Ihren Hund beginnt ein wahres Schnüffelfest! Wenn Sie den Hund nach Futter schnüffeln lassen, ist die Aufgabe für ihn quasi selbsterklärend. Dabei können Sie dann wunderbar ein Hörzeichen wie „Such" etablieren, mit dem Sie ihn zum Suchen auffordern und immer wieder zum Weitermachen anfeuern. Dieses Hörzeichen lässt sich dann später auf andere Suchgegenstände übertragen.

Ein geeigneter Gegenstand ist beispielsweise eine Packung Taschentücher, die Ihnen beim Spaziergang „zufällig" aus der Tasche fällt. Beginnen Sie mit dem Üben zu Hause in aller Ruhe: Nehmen Sie Clicker, Leckerchen und die Taschentücher, legen ein Leckerchen unter die Packung und schicken den Hund mit „such Tücher" los. Das Leckerchen wird er erschnüffeln und während er dabei ist, es unter den Taschentüchern rauszusuchen, clicken und belohnen Sie ihn dafür. Wiederholen Sie diesen Ablauf ein paar Mal, bevor Sie den Hund ohne vorab verstecktes Leckerchen zur Packung schicken. Clicken und bestätigen Sie sofort, wenn der Hund mit der Nase in der Nähe der Taschentücher ist. Den Geruch, das Aussehen und den Namen der Taschentuchpackung hat er nun nebenbei gelernt, während er anfangs nur das Leckerchen im Kopf hatte.

Dann erhöhen Sie die Schwierigkeit: Legen Sie die Taschentücher ein wenig verdeckt hinter einem Stuhlbein aus, dann neben einen Schrank, hinter die halboffene Tür, in ein anderes Zimmer usw. Zuletzt lassen Sie den Hund die Packung irgendwo suchen, wo ein Wäschestück drauﬂiegt oder er sie unter dem Bett finden muss, bevor Sie dann auch auf dem Spaziergang verloren werden kann.

Nach diesem Lernschema kann jeder beliebige Gegenstand zum Suchobjekt werden. Bewährt hat es sich, wenn der Vierbeiner gelernt hat, Schlüssel oder Geldbeutel zu suchen. So haben Sie im Fall der Fälle immer einen besonders guten Helfer an Ihrer Seite, wenn mal wieder der Autoschlüssel unauffindbar ist.

Versierte Hobbysuchhunde können zum Beispiel auch Tannenzapfen oder kleine Äste wiederfinden, die ihr Mensch sich zu Beginn des Spaziergangs in die Hosentasche gesteckt hat. Legt man den Zapfen dann zwi-

Weiche Leckerchen lassen sich wunderbar in die Baumrinde drücken und können dann vom Hund erschnüffelt werden. (Foto: Nicole Röder)

schen viele andere Zapfen, die für uns alle gleich aussehen, wirkt die zielstrebige Nasenleistung besonders beeindruckend.

Übrigens: Ob Sie den Hund dafür bestärken, sich zum gefundenen Gegenstand zu setzen, diesen einfach nur begeistert wedelnd anzuzeigen, oder ob der Hund ihn apportieren soll – das machen Sie am besten von den Vorlieben und Talenten Ihres Vierbeiners abhängig. Denn auch hier gilt: Alles ist erlaubt, was Spaß bringt und zum Erfolg führt.

Nutzen: Neben einer großartigen, gemeinsamen Zeit des Übens und viel Spaß bei den anschließenden Suchaktionen können Sie sich so einen Vierbeiner heranziehen, der fleißig und gekonnt dabei mithilft, verlorene Socken oder den Gegenpart des verschwundenen Hausschuhs aufzuspüren. Und auch das zielgerichtete „Such die Fernbedienung" kann Gold wert sein, wenn man abends gemütlich auf dem Sofa liegt.

DINGE ERKENNEN UND UNTERSCHEIDEN

Eine echte Denksportaufgabe und perfekte Auslastung für alle suchbegeisterten Mensch-Hund-Teams, ist das Erkennen, Unterscheiden und Zuordnen verschiedener Objekte. Dazu gehört unter anderem, dass der Hund aus einer Reihe verschiedener Spielzeuge zielsicher jenes herauspickt, dessen Namen

Immer dann, wenn der Hund etwas Neues lernt, übt man in sehr ablenkungsarmer Umgebung. Also am besten im heimischen Wohnzimmer. Nur so kann man sicherstellen, dass der Vierbeiner sich vollkommen auf die neue Anforderung konzentrieren kann und sich keine Fehler einschleichen.

Wenn es zu Hause gut funktioniert, kann man die Ablenkung und das Schwierigkeitsniveau langsam steigern. Werden Schlüssel, Handy und Co zielsicher in der Sockenschublade, unter der Bettdecke oder unter Wäschebergen vergraben aufgefunden, hat man sehr gute Chancen, dass die Gegenstände auch draußen wiedergefunden werden. Aber Achtung: Unterschätzen Sie nicht, wie viele andere Duftspuren sich in freier Wildbahn befinden und mit der Ihres verlorenen Objekts konkurrieren. Auch hier empfiehlt es sich, erst einmal klein anzufangen und das Suchobjekt sichtbar auf einem Weg zu platzieren, bevor man den Schlüsselbund ins tiefe Dickicht schleudert und keine Ahnung hat, ob er wirklich aufgefunden wird. Natürlich gibt es Click und Belohnung fürs Hingehen und Anzeigen oder Aufnehmen, dann wird das Objekt etwas abseits in höheres Gras gelegt oder mit wenig Laub bedeckt. Auch auf diesem Level wird der Hund mehrfach fürs Finden geclickt und belohnt, bevor man in kleinen Schritten die Schwierigkeit erhöht. So wird der Hund sich zwar anfangs noch stark über die Augen orientieren, aber schnell auch zusätzlich mit seiner Nase arbeiten.

er genannt oder dessen Pendant er gezeigt bekommt. Bei diesem Suchspiel spielt nicht nur der Geruch, sondern auch das Aussehen des Suchgegenstandes eine Rolle.

So wird's gemacht: Es empfiehlt sich, zu Anfang mit beliebten Spielzeugen zu üben, denen eindeutige Namen zugeordnet sind. Zeigen Sie dem Hund beispielsweise seinen Teddy, legen diesen für den Hund gut sichtbar ab und schicken Sie den Vierbeiner mit dem Suchsignal (z. B. „Such Teddy!") hin. Das begeisterte Hinrennen und Finden wird natürlich sofort belohnt. Im nächsten Schritt wird der Teddy weiter weg gelegt. Gleiches Spiel von vorne. Dann verstecken Sie den Teddy in einem anderen Raum, unter einer Decke, in einer Kiste usw. Dass die Bezeichnung „Teddy" richtig verknüpft ist, erkennen Sie, wenn Sie diesen neben einem oder zwischen mehreren anderen Spielzeugen ablegen und der Hund auf die Aufforderung „Such Teddy!" den Teddy bringt und nicht etwa den daneben liegenden Ball. So gehen Sie mit verschiedenen Suchobjekten vor, bis Sie diese schlussendlich in einer Reihe oder einem Kreis auslegen können und Ihr Hund nur das gewünschte Teil bringt.

Varianten: Ähnlich wie oben beschrieben, wird das Suchen eines Pendants aufgebaut. Das heißt, Sie besitzen zwei identisch aussehende Spielzeuge, zeigen (statt benennen) dem Hund das eine Teil des Paares und legen das andere in Sichtweite. Nun zeigen Sie es ihm erneut, zeigen dann auf das weggelegte und schicken den Hund mit dem gewählten Signal („Such!") los, das Gegenstück zu

Tipp

Überlegen Sie sich schon im Voraus eindeutige Namen für die verschiedenen Dinge und halten Sie diese am besten schon in einer Liste fest. Die Bezeichnungen für verschiedene Spielzeuge und Stoffbälle gehen einem nämlich häufig schneller aus, als man denkt. Auch sich selbst zu merken, wie man die einzelnen Teile getauft hat, ist gar nicht so trivial, wie man anfangs glaubt.

Eine spannende Variante ist es, die später zu suchenden Gegenstände zu zeigen, anstatt zu benennen. (Foto: Nicole Röder)

holen. Auch hier arbeiten Sie in kleinen Schritten und mit sehr viel Lob, bevor Sie irgendwann ein komplett fremdes Ding zeigen, zu dem der Hund das Gegenstück suchen und finden soll.

Variante Geruchspaare finden: Hierzu können Sie zwei identische Objekte (zwei Bauklötze, zwei Legosteine oder auch zwei kleine Teddys o. Ä.) in einer verschließbaren Tüte oder einem großen Glas mit Drehdeckel zusammen mit einem Geruchsstoff aufbewahren. Als Geruch eignet sich z.B. etwas Lavendelduft, den sie auf einem Wattebausch verteilt haben, oder ein Teebeutel Kamillentee. So nehmen die Objekte den Geruch an, und wenn Sie eins verstecken, können Sie das andere dem Hund als Geruchserinnerung unter die Nase halten und ihn das Gegenstück finden lassen.

Kleiner Tipp: Versierte Pilzsucher können die Hundenase auf die verschiedenen, genießbaren Pilzarten ansetzen. So macht der gemeinsame Ausflug in die Pilze gleich noch mehr Spaß und ist von einer noch größeren Ausbeute gekrönt.

VERSTECKSPIEL

Kennt Ihr Hund die Namen der einzelnen Familienmitglieder? Meist entwickeln Hunde im Alltag ganz nebenbei ein Namensbewusstsein für verschiedene Personen, wenn diese oft mit ihrem Namen angesprochen werden. Und falls Ihr Hund noch nicht so lange in Ihrer Familie lebt, ist ein Versteckspiel immer eine gute Idee, um genau das zu üben. Verstecken können Sie, Ihre Kinder oder der Partner sich zu Hause im Nebenraum, im Keller, hinter einer Tür usw. Bei uns zu Hause ist es zum Beispiel ein regelmäßiges Ritual, dass sich einer im Bett unter der Decke versteckt und die Hunde denjenigen mit viel Spaß und Getöse finden und von der Decke befreien dürfen. Die anschließende Freu- und Tobe-Runde läutet dann den Feierabend ein, und ich bin mir seit diesem Spiel sicher, dass ich, sollte mich mal eine Lawine verschütten, definitiv gefunden und ausgebuddelt werde.

So wird's gemacht: Die zu suchende Person nimmt sich vor den Augen des Hundes ein paar Leckerchen und verschwindet aus dem Raum. Sie halten den Hund fest und belohnen ihn fürs Warten, bis er auf die Aufforderung „Such Lotta/Max/Papa/Mama" hinterher darf. Beginnen Sie mit leichten

Achtung!

Das Suchen des eigenen Menschen ist für die meisten Hunde ein lustiges Spiel, das jedoch auch mit mildem Stress verbunden ist. Immerhin fehlt kurzzeitig eine wichtige Bezugsperson. Hunde, die sehr unsicher sind oder unter Verlassensängsten leiden, sollten diesem Stress nicht ausgesetzt werden und lieber gemeinsam mit ihrem Menschen nach Freunden suchen, die zwar bekannt, aber nicht fester Bestandteil der Familie sind.

Verstecken und kurzen Suchstrecken, die nach und nach immer schwieriger werden. Hat der Hund die Person gefunden, gibt's neben Lob und Freude natürlich die entführten Leckerchen als Belohnung.

Varianten: Draußen im Wald macht das Versteckspiel sehr viel Spaß, da es mehr Versteckmöglichkeiten gibt und der Hund zusätzlich die Fährte des entschwundenen Menschen verfolgen kann (im Haus sind die Menschengerüche ja sowieso überall verteilt). Anfangs ist es völlig ausreichend, sich hinter den nächsten Baum zu stellen, später können Sie immer tiefer im Wald verschwinden. Achten Sie immer darauf, dabei besonnen zu handeln und kein Wild zu gefährden. Jagende Hunde dürfen selbstverständlich nur an der langen Leine zur Menschensuche animiert werden!

Das „Such" funktioniert auch sehr gut mit zur Familie gehörenden Tieren. Bei uns werden beispielsweise zielsicher auf Aufforderung die Katzen aufgespürt. Natürlich dürfen diese nur angezeigt und weder apportiert noch vermeintlich gerettet werden.

Frauchen hinter einem Baum zu finden ist beim Versteckspiel kein Problem! (Foto: Nicole Röder)

ÜBERRASCHUNGSKISTE

Diese Kiste ist sozusagen das Überraschungs-Ei für unsere Vierbeiner: Spannung, Spiel, aber keine Schokolade. Stattdessen ein Gewirr aus Papierschnipseln und darin versteckten Leckereien.

So wird's gemacht: Wir nehmen eine geräumige Kiste, deren Größe zu der des Hundes passen sollte. Um einen Chihuahua längere Zeit zu erfreuen, mag ein Kinderschuhkarton ausreichen, während eine Dogge wohl eher die Umverpackung einer Gartenbank braucht. Ich selbst verwende am liebsten Pappkartons, wer mag, kann aber natürlich auch eine entsprechend große Kiste aus Plastik nehmen.

Zum Füllen bedarf es nun einer größeren Menge Altpapiers oder anderen Füllmaterials wie verschieden großen (Hand-)Tüchern, alten T-Shirts oder ausrangierten Socken. Damit stopfen wir die Kiste zunächst voll und anschließend verstecken wir darunter oder dazwischen Leckerchen oder Spielzeuge.

Eine Überraschungskiste ist schnell gefüllt und verspricht lange Spaß. (Foto: Nicole Röder)

Unser Hund befindet sich derweil in der „Bleib"-Position (Sitz oder Platz) und beobachtet unsere Aktivitäten. Alternativ kann man die Kiste in einem Nebenraum befüllen, sodass er davon gar nichts mitbekommt.

Die präparierte Kiste stellen wir nun auf den Boden und fordern den Hund auf, nach den Leckereien zu suchen. Beim ersten Mal sind viele Hunde etwas zögerlich, trauen sich oft nicht so recht, ihren Kopf in die Kiste zu stecken und darin herumzustöbern – aber sobald sie gemerkt haben, dass es etwas Tolles zu holen gibt, schnüffeln und wühlen sie sich wie ein Wildschwein durch den Inhalt.

Varianten:

1. Um den Inhalt der Kiste noch schwerer zugänglich zu machen, können Sie einen Deckel auflegen, den der Hund mit Nase oder Pfote zuerst wegschieben muss.
2. Wollen Sie das Spiel zu einer wahren Trainingseinheit mit Impulskontrollübung ausbauen, so können Sie von Ihrem Hund auch verlangen, nach jedem gefundenen Leckerchen kurz zu Ihnen zurückzukommen. Folgt er, wird er gleich darauf wieder auf die Suche geschickt.
3. Oder verstecken Sie die gesamte Kiste irgendwo im Haus. Ist dann noch ein Deckel aufgelegt, hat der Hund eine ganze Reihe von Aufgaben zu bewältigen. Er muss die Kiste finden, sie öffnen und nach Leckereien suchen. Vollprofis unter den Vierbeinern können zum Schluss sogar noch das verstreute Füllmaterial wieder zusammensammeln und zurück in die Kiste räumen.

Achtung!

Sollte ihr Hund zu den Vierbeinern zählen, die einfach alles inhalieren, was auch nur geringfügig nach Essen riecht, so empfiehlt es sich dringend, die Kiste ausschließlich mit Zeitungs- oder anderem Papier zu füllen – verschluckte Socken oder andere Textilien sind wahrlich kein Spaß.

4. Wer keine Angst vor Schmutz hat oder die Übung mal nach draußen verlegen möchte, der kann die Kiste auch mit Sand oder Blumenerde füllen und die Leckereien darin vergraben – aber Achtung: Der Vierbeiner wird bei all dem Spaß mit Sicherheit keine Rücksicht auf den in unmittelbarer Nähe liegenden weißen Designerteppich nehmen.
5. Wer mit seinem Vierbeiner bereits dabei ist, Schlüssel, Handy und Co aufzuspüren, der kann genau diese Sachen als Vorübung für den Ernstfall in der Kiste vergraben und finden lassen.

Nutzen: Die Überraschungskiste ist nicht nur ein lustiger Zeitvertreib. Neben dem gezielten Einsatz der Nase (was viele Hunde so auslastet, als wäre man eine halbe Stunde spazieren gegangen) lernen unsichere Vierbeiner, ihre Angst vor fremden Dingen zu überwinden. Viele Hunde haben anfangs eine gesunde Scheu davor, ihren Kopf in einer gefüllten Kiste zu versenken. Der Karton ist in der Regel auch so leicht, dass er wegrutscht, wenn der Hund mit dem Körper daran stößt. Auch das kann dazu führen, dass der Vierbeiner erst einmal Abstand nimmt.

Entdecken Sie gemeinsam mit Ihrem Hund, dass dieser „unheimliche" Karton eine genauere Untersuchung wert ist. Durch das gemeinsame Erkunden wird sein Vertrauen in Sie gestärkt und somit automatisch die Bindung gefestigt.

Dieses Spiel eignet sich besonders gut für junge und sehr zurückhaltende Hunde, denn nicht nur das Vertrauen in den Menschen, sondern auch das Selbstvertrauen kann durch solche Abenteuer aufgebaut werden.

Wichtig!

Verstecken Sie das Futter nur an Orten, an denen der Hund auch sonst schnüffeln darf. Wer also grundsätzlich nicht möchte, dass der Vierbeiner seine Nase in die Blumentöpfe steckt, der sollte diese zur Tabuzone erklären und auch im Rahmen von Spielen keine Ausnahmen zulassen.

Ermutigen Sie Ihren Hund verbal, Verschiedenes auszuprobieren, und loben Sie ihn kräftig, wenn er auf dem richtigen Weg ist.

DEN BODEN WISCHEN

Hier wird ein Zimmer oder die ganze Wohnung im Handumdrehen zum Parcours für ein kurzweiliges Suchspiel umfunktioniert. Wir können dabei mit dem Hund zusammenarbeiten, indem wir clever versteckte Leckereien gemeinsam mit ihm aufspüren. Wir können ihn aber auch allein nach den von uns verteilten Futterbrocken suchen lassen.

So wird's gemacht: Wir bewaffnen uns mit einer Schüssel Trockenfutter und verteilen die Futterbrocken großzügig in dem Zimmer, wo unser Hund sich schnüffelnd austoben soll. Während wir die Leckereien auf dem Boden verteilen, wartet der Vierbeiner entweder in einem Nebenraum oder er darf uns aus der Platzposition beobachten.

Wenn das gesamte Futter verteilt ist, holen wir unseren Vierbeiner aus dem Nebenraum oder entlassen ihn aus der Platzablage und fordern ihn mit einem Signal wie beispielsweise „Such die Leckerlis!" zur Suche auf.

Varianten:

1. Mehrere Zimmer oder eine ganze Etage präparieren.
2. Futter nicht nur einfach auf dem Boden auslegen, sondern auch schwierigere Verstecke einbauen: unter einen Teppich, unter ein Handtuch, in ein Regalfach, in einen Blumentopf oder unter umgedrehte Becher legen; in alte Socken stopfen; auf die Sitzfläche von Stühlen legen; im Bett verstecken (sofern der Hund ins Bett darf); in Schuhe füllen – der Fantasie sind keine Grenzen gesetzt.
3. Einige Futterbrocken so verstecken, dass der Hund sie nicht ohne Hilfe erreichen kann. Sobald er anzeigt, dass an dieser

Stelle etwas liegt, helfen wir ihm und loben ihn dafür, dass er uns die Leckerei gemeldet hat.

Nutzen: Schon die Vorfreude auf das kommende Abenteuer ist die Mühe wert. Beobachten Sie doch mal aus dem Augenwinkel, wie interessiert Ihr Hund jede Bewegung verfolgt, die Sie beim Verstecken der Leckerchen machen.

Ein Zimmer in eine Art Schlaraffenland zu verwandeln ist innerhalb weniger Minuten geschehen. Der Hund ist jedoch um ein Vielfaches länger damit beschäftigt, alle Verstecke aufzustöbern. Wir sorgen also mit wenig Aufwand für viel Beschäftigung. Zudem lernt der Hund spielerisch, sich über einen längeren Zeitraum zu konzentrieren.

Wenn wir ein paar Leckerchen extra schwer versteckt haben, können wir unserem Hund beim Aufspüren helfen und zeigen ihm damit, wie wichtig und erfolgversprechend das Teamwork mit uns ist. Außerdem ist ein spannender Aspekt des Spiels, den Hund beim Suchen genau zu beobachten. Wie geht er vor? Mit System (wenn ja, mit welchem?) oder sucht er scheinbar völlig planlos?

Für Suchprofis

Verstecken Sie eine Leckerei oder auch ein Spielzeug in einer Schublade oder einem Schrank. Der Hund soll die Schublade oder Schranktür aufziehen, um an das Objekt der Begierde zu gelangen. Binden Sie ein Tuch an den Griff, um dem Hund das Öffnen zu erleichtern.

Um an die erschnüffelten Leckerchen zu kommen, muss Easy die Schublade rausziehen. (Foto: Nicole Röder)

(Foto: Nicole Röder)

NÜTZLICHE TRICKS UND VERTRAUENSÜBUNGEN

Bindung entwickelt sich – sie wächst und gedeiht Tag für Tag und mit den richtigen Beschäftigungsideen wird sie umso stärker. Und weil Bindungsarbeit immer auch Spaß machen soll, darf sie auch bei schlechtem Wetter nicht zu kurz kommen. Dazu gibt es hier nun einfach umsetzbare Spielideen, die man besonders gut indoor üben kann. Da man die Ablenkung im Haus sehr klein halten kann, sind vor allem die Vertrauensübungen und die besonders bindungsfördernden Tricks eine gute Vorbereitung auf die Welt da draußen und daher speziell für ängstliche oder weltunerfahrene Hunde und für Welpen geeignet.

Keine Angst – wir schaffen das!

In unserer Umwelt gibt es jede Menge Dinge und Situationen, die für uns zwar ganz normal sind, unseren Hund aber in Angst und Schrecken versetzen können. Glatte Böden, Hängebrücken oder Aufzüge gehören für uns Zweibeiner zum Alltag, müssen aber von vielen Hunden erst einmal kennengelernt werden, um sie ohne Misstrauen zu bewältigen. Je öfter wir unseren Vierbeiner mit Ruhe und Geduld an vermeintlich unheimliche Dinge heranführen, desto einfacher wird es für ihn, sich an uns zu orientieren und unserer Einschätzung zu vertrauen. Machen Sie sich also auf in die Innenstadt oder durchforsten Sie Ihren Keller: Es gibt mehr zu entdecken, als es auf den ersten Blick scheint.

So wird's gemacht: Zum Einsatz kann alles kommen, was für den Hund nicht alltäglich ist, sofern es keine Verletzungsgefahr birgt und nicht so klein ist, dass es verschluckt werden könnte. In der Regel finden sich zu Hause die verschiedensten geeigneten Dinge: Füllmaterial aus Paketen, unterschiedliche Folien (zum Beispiel Alufolie), Tüten, Luftballons, Kreisel, Eimer und vieles mehr. Was genau der Hund damit tun soll, muss man sich im Vorfeld überlegen. Für viele Materialien gibt es unterschiedliche Verwendungsmöglichkeiten. Ein Beispiel ist die Luftpolsterfolie: Der Hund kann darüber laufen, etwas darunter suchen oder die Folie apportieren.

Die gestellte Aufgabe sollte den Fähigkeiten des Hundes entsprechen. Während es für sehr unsichere Hunde schon eine große Herausforderung sein kann, über einen ausgebreiteten gelben Sack zu ihrem Futternapf zu gehen, lassen sich mutigere Zeitgenossen selbst durch puffende Luftpolsterfolien nicht aus der Ruhe bringen. Hier sind Hunde individuell verschieden und Sie als Besitzer wissen in aller Regel am besten, womit Sie Ihren Hund herausfordern können.

Halten Sie Leckereien und Spielzeug zur Motivation bereit.

Varianten: Wie bereits gesagt, ist bei diesem Spiel Ihre Fantasie gefragt. An dieser Stelle einige Anregungen: Neben dem schon erwähnten Überschreiten verschiedener Untergründe könnten Sie Ihren Hund zum Beispiel damit fordern, dass er eine kleine oder große Tonne (Plastikpapierkorb, Futtertonne oder Ähnliches) mit der Nase oder Pfote so anstupsen soll, dass sie vor ihm herrollt.

Wenn nach einiger Zeit bereits der komplette Hausrat zu Übungszwecken herhalten musste und nichts Interessantes mehr übrig ist, so können Sie auch in die freie Natur ausweichen. Hier findet sich immer irgendwo eine neue Herausforderung, und sei es nur das Überwinden einer schmalen, schwankenden Brücke, eines gefällten Baumstamms oder eines Bretterstegs.

Nutzen: Der Hund lernt, sich neuen Herausforderungen zu stellen und seinem Menschen zu vertrauen, auch wenn dieser etwas von ihm verlangt, was zunächst unheimlich erscheint. Je mehr gemeinsame Abenteuer wir bestehen, desto stärker wird das Band, das uns und unseren Hund verbindet. Es wird immer weniger Situationen geben, in denen der Vierbeiner sich aus Angst vor etwas Unbekanntem von uns abwendet. Er lernt durch dieses Spiel nämlich, dass er am besten ganz dicht bei uns bleibt, weil wir ihn sicher führen werden.

Insbesondere für junge Hunde ist dieses Spiel sehr wichtig. Sie lernen so von Anfang an, dass sie ihrem Menschen in jeder Situation vertrauen können.

Wir Menschen lernen, unseren Hund besser zu lesen: Wann fängt er an zu zögern, wie können wir ihn „überreden", etwas zu tun; welche Belohnung motiviert ihn am besten. Und wir lernen vor allem, geduldig zu sein und die schrittweise Annäherung an das Gewünschte schon als Erfolg zu werten.

DER WEIHNACHTSSTRUMPF

Ähnlich wie bei der Überraschungskiste ist auch beim Weihnachtsstrumpf der Name Programm und sagt, was man braucht: Nein, Weihnachten muss nicht sein, aber ein Strumpf wird benötigt. Besonders gut geeignet ist dieses Spiel für Hunde, die lernen sollen, mit ihrem Menschen auch mal wild zu zergeln.

So wird's gemacht: Man nehme eine alte Socke sowie Leckerchen und/oder Spielzeug. In die Socke steckt man das oder die Objekt(e) der Begierde und knotet sie dann zu, sodass der Inhalt gut verpackt ist und nicht rausfallen kann.

Hat der Hund den Weihnachtsstrumpf indoor kennengelernt, kann man ihn auch draußen befüllen und verstecken. (Foto: Nicole Röder)

Nun präsentieren wir unserem Hund die verknotete Socke, indem wir uns in seine Nähe setzen und das Päckchen selbst untersuchen. In der Regel erwecken wir sofort die Neugierde des Vierbeiners. Er wird sich zu uns begeben, woraufhin wir ihm die Socke hinhalten, damit er sie unter die Lupe nehmen kann. Schnüffelt er sehr interessiert daran und versucht, sie aufzubeißen, um an den Inhalt zu kommen, ziehen wir an der Socke. Wir beginnen also ein Zerrspiel. Wichtig ist dabei, dass wir immer wieder die Herausgabe der Socke von ihm abfragen (zum Beispiel durch das Hörzeichen „Aus"). Lässt er los, erhält er die Socke als Belohnung sogleich wieder zurück. Natürlich darf er auch zwischendurch an der Socke nagen, denn erst, wenn ein Loch darin ist und den Inhalt preisgibt (den wir ihm selbstverständlich großzügig überlassen), ist das Spiel beendet. Mit der gefüllten Socke lassen sich viele herausfordernde Spiele umsetzen:

Varianten: Verstecken Sie die Socke an allen möglichen Stellen im Haus oder im Garten und lassen Sie Ihren Hund danach suchen. Achten Sie nur darauf, dass er seinen Fund immer zu ihnen bringt und sich erst nach Ihrem Okay daran macht, sie auseinanderzunehmen.

Statt einer Socke kann man auch ein Geschirrtuch mit Trockenfutter füllen und mehrfach verknoten. Nun kann man gemeinsam mit dem Vierbeiner damit spielen, oder man überlässt ihm das gefüllte Stoffding einfach nur zum genüsslichen Auseinandernehmen. Sozusagen als schmackhaften Zeitvertreib.

Nutzen: Dieses Spiel macht einfach Laune – sowohl dem Hund, der mit der gefüllten Socke kämpfen und herumtoben darf, um an ihr Inneres zu gelangen, als auch dem Menschen, der den Vierbeiner dabei beobachtet oder mit ihm zusammen die Beute „erlegt".

Hier ist nicht nur tolles Teamwork möglich, es kann auch spielerisch geübt werden, dass Essbares immer zuerst zum Menschen gebracht wird, bevor es verspeist werden darf, und dass der Hund auf Wunsch des Menschen seine Beute jederzeit loslässt.

Trick-Variante: Wenn der Hund gelernt hat, dass an der Socke zu ziehen total gut ist, kann man damit auch ganz einfach einüben, dass er Schubladen oder Schranktüren auf Signal hin öffnet. Hierzu bindet man die Socke so um den Griff der zu öffnenden Schublade oder Schranktür und feuert den Hund ordentlich an, auf Signal hin daran zu ziehen, damit sich die Tür öffnet.

Achtung!

Mit präparierter Socke oder Handtuch den Hund bitte niemals unbeaufsichtigt lassen! Zu groß kann die Versuchung sein, das Ding einfach komplett runterzuschlucken oder wenigstens rausgekaute Stoffreste einfach mitzufressen.

Für hündische Gier-Schlunde sind solche Futterspiele generell nicht empfehlenswert.

Aufgepasst: Viele Hunde erschrecken erst einmal, wenn sie wirklich erfolgreich sind und sich auf ihr Zerren und Ziehen hin etwas bewegt. Seien Sie also auf der Hut, um kräftig zu loben und per Click oder Markerwort zu bestätigen, wenn es so weit ist.

Im nächsten Schritt können Sie den Hund dann dazu animieren, Tür oder Schublade anzuspringen und mit dem eigenen Körpergewicht wieder zuzudrücken. Auch hier unbedingt zur Seite stehen, um mit Lob und Leckerchen zu unterstützen. Wenn Sie nun auch schon das zielgerichtete Apportieren geübt haben, dann steht Ihnen in Nullkommanichts ein großartiger und motivierter Haushaltshelfer zur Seite, der die Taschentücher auch mal aus der Schublade bringen kann, ohne dabei Ihre Unterstützung zu benötigen.

Diese Übung ist aufgrund ihres potenziellen Lärmpegels und der verschiedenen Lernschritte, die zu bewältigen sind, eine perfekte Übung fürs hündische Selbstbewusstsein und ein neuerliches Zeichen dafür, dass gemeinsames Teamwork mit Ihnen einfach toll ist.

DAS WOHNUNGSLABYRINTH

In jedem Haushalt finden sich verschiedenste Gegenstände, aus denen man in Nullkommanichts einen Geschicklichkeitsparcours für Vierbeiner erstellen kann. Etwas zum Überspringen, Durchkriechen oder Erklettern ist immer vorhanden oder schnell gebastelt. Gemeinsam mit dem Hund solche Hindernisse zu meistern, fördert zum einen dessen Vertrauen in uns Menschen und zum anderen lehrt es uns auf einfache Weise, wie wir unseren Vierbeiner am besten dabei helfen können, eventuell vorhandene Unsicherheit zu überwinden.

Tipp

Man muss Tunnel und Ähnliches nicht unbedingt im Hundefachhandel kaufen. Oft ist solches Zubehör wesentlich günstiger, wenn es eigentlich für Kinder gedacht ist.

So wird's gemacht: Suchen Sie ein Zimmer aus, das Platz genug bietet, um mithilfe verschiedenster Gegenstände in einen Geschicklichkeitsparcours verwandelt zu werden. Sammeln Sie alles, was der Hund umrunden, durchkriechen, übersteigen oder überspringen kann, und lassen Sie Ihrer Fantasie freien Lauf. Bauen Sie zum Beispiel aus einer Wolldecke und vier Stühlen einen Tunnel oder aus zwei Blumentöpfen und einer Besenstange eine niedrige Hürde. Statt der Blumentöpfe können Sie auch Bücher als Unterlagen für den Besenstiel verwenden. Ebenfalls gut als Sprunghindernisse geeignet sind die großen, langrechteckigen Balkonblumenkästen. Stühle in einem Türrahmen aufgestellt, stellen den Hund vor die Frage: Drunter durchkriechen oder darüber klettern?

Die Länge des Parcours richtet sich nach dem Aufwand, den man betreiben möchte und nach der Größe des Zimmers. Auch eine oder zwei Stationen reichen schon aus. Überlegen Sie nun, was Ihr Hund an den Stationen genau tun soll und führen Sie ihn dann durch den Parcours. Als Motivation dienen Leckereien oder das Lieblingsspielzeug.

Vielen Hunden bereitet das Durchlaufen des dunklen Tunnels Schwierigkeiten. Gehen Sie dann Schritt für Schritt vor. Platzieren Sie an das Ende des Tunnels die Belohnung, zeigen Sie Ihrem Hund den Eingang und legen Sie von dort aus auch ruhig eine Leckerchen-Spur zum Ausgang. Heben Sie die Decke anfangs so weit an, dass der Hund den Ausgang sieht, und erhöhen Sie erst nach einigen erfolgreichen Durchläufen den Schwierigkeitsgrad, indem Sie die Decke so weit herunterhängen lassen, dass der Ausgang verdeckt ist.

Helfen Sie Ihrem Hund, feuern Sie ihn an und loben Sie ihn für jedes erfolgreiche Überwinden eines Hindernisses. Manchmal ist viel Geduld gefragt, aber wenn es dann klappt, haben Sie Ihrem Hund sehr deutlich gezeigt, dass Sie ein toller Partner sind, auf den er sich jederzeit verlassen kann.

Stühle, Decke – und schon hat man einen Tunnel. (Foto: Nicole Röder)

Wichtig!

Denken Sie daran: Nicht jeder Hund stürzt sich bereitwillig in zu bestehende Abenteuer. Gehen Sie deshalb behutsam vor. Bemerken Sie Angst oder Unsicherheit bei Ihrem Vierbeiner, braucht er mehr Hilfestellung von Ihnen. Gestalten Sie die betreffende Station einfacher und belohnen Sie jeden noch so kleinen Schritt in die richtige Richtung.

Varianten: Hier noch einige weitere Ideen für etwas ungewöhnlichere Hindernisse: Ein Hula-Hoop-Reifen eignet sich zum Beispiel hervorragend als einfaches Sprunghindernis.

Auch ein ausrangiertes Skateboard, das der Hund mit der Nase anstoßen soll, ist als Station denkbar. Und wenn der Vierbeiner es in eine Richtung mit der Nase schiebt, kann er das Board zum Beispiel wieder zurückbringen, indem er sich mit den Vorderpfoten draufstellt und die Hinterbeine zum Anschieben nutzt.

Das bringt es: Dieses Spiel eignet sich besonders gut für unsichere und junge Hunde. Aber auch bei sehr eigenständigen Vierbeinern hat es einen Nutzen, denn der Hund lernt hierbei, sich zu konzentrieren und sich selber zurückzunehmen, weil er in der Geschwindigkeit seines menschlichen Partners arbeiten muss, um etwas besonders Schwieriges zu schaffen. Die gemeinsame Bewältigung eines komplexen Parcours hat also ohne Zweifel einen äußerst positiven Einfluss auf die Beziehung zwischen Mensch und Hund.

VOM KLETTERN UND HÜPFEN

Wer mit seinem Hund die verschiedensten Untergründe erkunden und ihn draußen auch gerne mal auf Baumstümpfe, Wurzeln und große Steine klettern lassen will, der kann die Grundlagen hierzu perfekt zu Hause üben.

So wird's gemacht: Je nach Körpergröße und Gewicht des Hundes wählt man einen (oder mehrere) Erhöhungen aus, die vom Hund erklettert oder ersprungen werden sollen. Geeignet sind Tritthocker, umgedrehte Töpfe und Schüsseln, sowie umgedrehte und mit einem Brett abgedeckte Getränkekisten. Mit einem einladenden Daraufklopfen und einem ermutigenden Zuruf wie „Hepp“ oder „Hopp“ motiviert man den Hund, auf die improvisierte Hürde zu springen. Hier kann er dann einen kleinen Kreis vollführen, einmal Männchen machen oder Pfote geben. Oder einfach nur sitzen, stehen oder liegen.

Variante: Alternativ zum kompletten Hochspringen gibt man dem Vierbeiner zu verstehen, dass er nur die Vorderpfoten (für Profis dann nur die Hinterfüße) auf die Erhöhung stellen soll. Aus dieser Position kann man dann verschiedene Wechsel durchführen, wie zum Beispiel doch noch ganz hochklettern oder von oben herab, aber auch wieder so, dass nur die Vorderpfoten den Boden berühren, und man kann den Hund mithilfe von Leckereien rechts- und linksherum führen, aber so, dass er nach wie vor nur mit den Vorder- oder Hinterpfoten auf dem Hocker ist und die am Boden befindlichen Beine die maßgebliche Bewegung ausführen.

Lassen Sie den Hund auch mal über verschieden große Erhöhungen balancieren, ohne dass er zwischendurch auf den Boden springt. Aber Vorsicht: Hier immer darauf achten, dass die Abstände zwischen den Hockern nicht zu groß sind und die Hindernisse nicht verrutschen, sodass es zu Stürzen kommen kann.

Ob nur zwei Pfoten auf der Erhöhung oder alle vier – solche Übungen verbessern das Körpergefühl und stärken das Selbstvertrauen. (Foto: Nicole Röder)

Außerdem können die Flächen der Hürden mit verschiedenen Folien (Alufolie, Plastiktüten oder Ploppfolie) oder Stoffen so präpariert werden, dass sie allein vom Untergrund her schon eine gewisse Herausforderung und damit ein tolles Abenteuer darstellen.

Nutzen: Speziell in der Anfangsphase, wenn der Hund noch nicht weiß, wie er auf Höhe und Untergrund reagieren soll, ist diese Art der Beschäftigung ein echter Gewinn für die Beziehung. Denn wir Menschen erarbeiten gemeinsam mit dem Hund die Überwindung einer Unsicherheit – das ist automatisch ein toller Kitt für die Mensch-Hund-Bindung. Und deshalb gilt auch hier: Immer darauf achten, den Hund nicht zu überfordern und kleinschrittig mit vielen Bestätigungen und positiven Gefühlen an die Hürden herangehen!

Vertrauensübungen

Bindung hat immer mit Vertrauen zueinander zu tun. Wir müssen im Wesentlichen nur darauf vertrauen, dass der Hund weder uns noch anderen Schaden zufügt, im Freilauf wieder zu uns kommt und wenigstens die Grundzüge des Gehorsams umsetzt. Der Hund auf der anderen Seite muss uns stets und ständig vertrauen, da er uns ausgeliefert ist. Er muss darauf vertrauen, dass wir ihn füttern und ausführen, dass wir ihm bei Berührung kein Leid zufügen und bei stressigen Begegnungen beschützen. Daher ist es umso wichtiger, ihm zu vermitteln, dass er sich auf uns verlassen kann, auch wenn wir manchmal Dinge von ihm verlangen, die er

Tipp

Schon mit dem Welpen sollte man regelmäßig das Hochgehobenwerden üben. Und keine Sorge: Auch wenn es noch immer viele behaupten, so verzieht man sich den kleinen Hund nicht, wenn man ihn in Stresssituationen schützend auf den Arm nimmt. Vielmehr festigt man seine eigene Position als verlässliche Basis und Fels in der Brandung. So stärkt man von Welpenbeinen an die gemeinsame Bindung, da man den Hund eben nicht in potenziell einschüchternden oder gar gefährlichen Situationen allein lässt, weil er da vermeintlich „durch" muss.

Es empfiehlt sich, den Hund per Ankündigung aufs Hochheben einzustimmen.

sich im ersten Moment vielleicht nicht unbedingt zutrauen würde.

Je häufiger man mit seinem Hund daran arbeitet, sich in allen erdenklichen Situationen auf unsere Signale zu verlassen, umso dicker und stabiler wird das Band des Vertrauens. Je weniger davon abhängt, desto entspannter kann man an die Herausforderung herangehen. Wie immer ein Fall für spielerische Herangehensweise! Hier nun eine kleine Auswahl an Tricks und Übungen, die nicht nur schön anzusehen sind, sondern auch als echter Vertrauensbeweis gelten können.

WAS MAN MIT ARMEN UND BEINEN ANSTELLEN KANN

Die folgenden Tricks sind nicht nur ein Hingucker für Außenstehende, sie erfordern auch ein hohes Maß an Sportlichkeit, Vertrauen und Geschick.

So wird's gemacht: Anfangs empfiehlt es sich, gemeinsam mit einer Hilfsperson die ersten Schritte einzustudieren. Am einfachsten ist es, wenn man sich eine Wand (Zaun oder Hecke) sucht, neben der man in die Hocke geht. Nun streckt man einen Arm aus, stützt sich mit diesem an der Wand ab und hat schon eine perfekte Hürde. Den Hund setzt man vor dem Arm ab (so, dass er ein wenig Anlauf nehmen kann) und die Hilfsperson dirigiert den Vierbeiner mit Leckerchen oder Spielzeug und dem entsprechenden Signal (z.B. „hopp") über den Arm. Hunde, die bereits wissen, wie man über etwas springt, können auch einfach von der Hilfsperson über das Arm-Hindernis abgerufen werden. Sobald der Hund verstanden hat, dass er über den Arm springen soll, kann man sich ohne stützende und begrenzende Wand hinhocken und dabei auch beide Arme ausstrecken, sodass der Vierbeiner z.B. im Wechsel über den rechten und linken Arm hüpft.

Schrittweise kann man nun auch dazu übergehen, beide Arme immer näher zueinander zu bewegen, damit sie ein O bilden, durch das der Hund dann springt.

Die Übung funktioniert auch, wenn man den Hund über sein Bein springen lassen möchte bzw. mit dem angewinkelten Bein eine Art Kreis formt.

Varianten: Statt den Hund springen zu lassen, kann man ihn auch mal unter dem abgewinkelten Bein hindurchkriechen lassen. Und wenn man als Mensch mit seinem Körper einen Tisch formt (Vierfüßlerstand mit geradem Rücken) und einen nicht allzu schweren Hund hat, so darf dieser gerne auf den Rücken des Menschen dirigiert werden. Wenn er dann noch Männchen macht, ist schon ein zirkusreifer Trick fertig, der von Mensch und Tier ein hohes Maß an Zusammenarbeit und Vertrauen verlangt.

Nutzen: Die Überwindung von Berührungsängsten beim Hund und das einfühlsame Vorgehen des Menschen beim Training sind maßgebliche Faktoren, die solche Übungen zu bindungsfördernden Elementen machen. Und außerdem macht es einfach Spaß, solche Tricks in den Alltag zu integrieren.

Dank Click und Futter bleibt Panina beim Übersteigen völlig entspannt liegen. (Foto: Nicole Röder)

AUF TUCHFÜHLUNG

Einfach mal über den entspannt im Weg liegenden Hund **drübersteigen**, ohne dass ihn das stört. Hört sich einfach an? Ist es für viele Hunde nicht. Probieren Sie es mal aus, und im Zweifelsfall belohnen Sie den Hund intensiv fürs Liegenbleiben. Und keine Sorge: Entgegen althergebrachter Meinung hat es nichts mit Dominanz zu tun, wenn er nicht sofort aus dem Weg geht, sobald wir uns nähern.

Springt Ihr Hund sofort auf, sobald Sie sich nähern? Nehmen Sie gute Leckerchen und den Clicker zur Hand (alternativ nutzen Sie Ihr Markerwort). Gehen Sie langsam auf Ihren Hund zu, sprechen ruhig mit ihm und markern bereits die Annäherung, wenn er liegen bleibt. Die Belohnung bekommt er dann im Liegen geliefert. Clicken und belohnen Sie ihn sekündlich, während Sie vorsichtig ein Bein über ihn stellen. Bei sehr ängstlichen Hunden nehmen Sie Ihr Bein noch während der Clickparty wieder zurück, bei mutigeren Hunden können Sie mit viel Belohnung komplett über den Hund steigen. Wichtig ist dabei, dass Sie die für Ihren Hund eventuell anfänglich bedrohliche Position mit einem absolut positiven Gefühl verknüpfen. Bewegen Sie sich immer nur so weit, wie der Hund es zulässt, ohne „auf dem Sprung" zu sein, und gehen Sie erst zum nächsten Schritt über, wenn er recht entspannt bzw. abwartend liegen bleibt.

Wer fleißig geübt hat, dass der Hund ihm über Arme und Beine sowie auf den Rücken hüpft, der kann sich an die ultimative Vertrauensübung wagen: **den Sprung in die Arme**. Wie bei sämtlichen anderen Sprungübungen sollte der Hund gelenkgesund und nicht zu schwer oder groß sein. Wenn er schon gelernt hat, auf das Signal „hopp“ auf den Schoß des Zweibeiners zu hüpfen, kann man nun an eine Wand gelehnt ein Bein anwinkeln, auf das der Hund zuerst springt. Dabei umfasst man auch schon seinen Körper und lobt ordentlich. Schrittweise richtet man sich dabei auf, bis das Bein nur noch leicht angewinkelt ist und als Hilfsrampe für den Sprung dient.

Ein schöner Trick, der im wahrsten Sinne des Wortes auf Vertrauen fußt, ist das **Mitlaufen des Hundes auf den Füßen des Menschen**. Zuerst übt man ein, dass der Hund auf ein Signal hin zwischen die Beine des Zweibeiners kommt und hier stehen bleibt. Dazu führt man ihn mit einem Leckerchen in der Hand mittig zwischen die Beine, benennt die Übung mit einem Signal (z. B. „Einparken“ oder „Mitte“), clickt, füttert und löst auf. Das übt man einige Male, bevor der Hund im nächsten Schritt in der Mitte bleiben und sich mitbewegen soll, wenn der Mensch einen Schritt nach vor macht. Großzügig markern und belohnen nicht vergessen! Unterschätzen Sie nicht, wie groß das Vertrauen Ihres Hundes sein muss, sich so nah an und mit Ihnen zu bewegen. Wenn das gut klappt, kommt der schwierigste Teil: das Stellen der Hundepfoten auf die Menschenfüße. Locken Sie den zwischen Ihren Beinen stehenden Hund mit einem Leckerchen über dem Hundekopf, dass er sich zum Fressen so weit nach oben strecken muss, dass seine Vorderfüße kurz den Bodenkontakt verlieren. In dem Moment schieben Sie schnell ihre Füße so, dass die Hundepfoten auf Ihren Füßen landen. Mit einer Clickerparty können Sie dem Hund vermitteln, dass diese Position extra toll ist. Etablieren Sie auch hier ein passendes Signal (wie „Füße drauf“ oder „Footsie“) und üben Sie das so lange, bis Ihr Hund wie selbstverständlich auf Ihre Füße steigt. Erst dann gehen Sie einen kleinen Schritt, während der Hund auf den Füßen steht und mit den Hinterpfoten mittrippelt.

Gemeinsam Schritt für Schritt zur engen Bindung! (Foto: Nicole Röder)

(Foto: Nicole Röder)

GEMEINSAM DRAUSSEN UNTERWEGS

Wir Hundehalter haben das große Glück, unser seelisches und physisches Gleichgewicht durch die gemeinsame Outdoor-Zeit mit dem Hund wiederherzustellen. Der Spaziergang soll dementsprechend für den Hund genauso bereichernd sein. Vor allem, wenn der Hund aus bestimmten Gründen nur angeleint laufen darf, sollte man ein paar mehr Gedanken an die Beschäftigung unterwegs verschwenden. Rennen und toben sind unabdingbar für das seelische und körperliche Gleichgewicht des Hundes, aber es ist leider nicht immer und überall machbar, den Hund flitzen zu lassen. Es gibt viele Gründe, die dafür sprechen, den Hund sicherheitshalber angeleint zu lassen. Aber es gibt keinen, der gegen eine angemessene Beschäftigung spricht. Fast alle Bindungsspiele lassen sich hervorragend auch mit einem angeleinten Hund umsetzen und speziell Schleppleinen sind optimal dafür, sich trotz Leine sehr frei im Team zu bewegen.

Um mit dem angeleinten Hund gut spielen zu können, empfehle ich eine Schleppleine von drei bis fünf Metern Länge. Bitte keine Flexileine, denn diese blockiert durch das Aufrollkästchen nicht nur eine ganze Hand, sondern birgt beim gemeinsamen Spiel auch Risiken für Mensch und Hund (Verbrennungen, Abschürfungen, Stürze durch Umwickeln der Beine und Erschrecken des Hundes durch Fallenlassen).

Achten Sie darauf, dass die Leine gut verarbeitet und aus einem robusten Material ist (Biothane ist leicht und abwaschbar). Das Gewicht von Leine und Karabinerhaken sollte der Größe des Hundes angepasst sein.

Generell muss jeder Hundehalter selbst entscheiden, ob er seinen Hund mit Halsband oder Brustgeschirr führt. Ich persönlich bevorzuge gut sitzende, gepolsterte Brustgeschirre, die auch dann die Halswirbelsäule nicht belasten, wenn der Hund beim Toben aus Versehen in die Leine rennt. Gut sitzend bedeutet: Die Schulter des Hundes ist frei beweglich und er kann raumgreifend laufen; das Geschirr rutscht nicht und ist an mehreren Stellen auf den individuellen Körperbau einstellbar, das Fell wird nicht aufgescheuert. Sogenannte „Norwegergeschirre" sind von ihrer Passform eher ungeeignet, besser wäre der Y-Schnitt.

Schau mir in die Augen, Kleines

Gemeinsam die Welt entdecken und immer wieder kleine Glücksmomente gemeinsam erleben – diese romantische Vorstellung scheitert oft an der Realität der vielfältigen Ablenkungen auf dem Spaziergang. Wenn Ihr Hund Sie draußen gar nicht beachtet, beginnen Sie am besten damit, jeden Blickkontakt zu Ihnen zu markern und zu belohnen.

So wird's gemacht: Wie immer bei neuen Spielen starten Sie in einer ablenkungsfreien Umgebung. Wenn der Hund also gerade entspannt bis gelangweilt in unserer Nähe ist, sprechen wir ihn mit hoher, superfreudiger Stimme an. Sobald er zu uns schaut, gibt es einen Click oder das Markerwort und ein Goodie. Da es im Laufe des Spiels darum geht, dass der Hund auf „Schau mal" in unsere Augen schaut, wenden wir einen kleinen Trick an: Bevor das Leckerchen ins Hundemaul wandert, halten wir es kurz auf unsere Augenhöhe, sodass der Vierbeiner automatisch dorthin schaut. Das wird so oft wiederholt, bis der Hund automatisch Augenkontakt aufnimmt, den wir dann markern können. Klappt das mit wenig Ablenkung, kann man schrittweise dazu übergehen, diese in spannenderer Umgebung zu erhöhen. Aber Achtung: Nicht sofort auf der belebten Hundewiese damit anfangen, vom Hund Blickkontakt zu erbitten. Das kommt erst dann, wenn es zuverlässig auf unaufgeregten Gassigängen funktioniert.

Varianten: Sehr wahrscheinlich wird das „Schau mal"-Spiel dazu führen, dass Ihr Hund auch ohne Aufforderung öfter Ihren Blickkontakt sucht. Perfekt! Markern Sie auf dem Spaziergang jeden dieser Momente und werfen Sie als Belohnung ein Leckerchen für den Hund. Oft führt bereits diese kleine Veränderung der Spaziergangroutine dazu, dass der Hund beginnt, sich mehr für den Menschen als für Ablenkungen zu interessieren.

Um ein bisschen Abwechslung reinzubringen, muss es natürlich nicht immer das Leckerchen zur Belohnung sein. Auch eine ausgelassene Zergelrunde, wenn der Hund von selbst oder sofort aufs „Schau mal" reagiert hat, ist eine perfekte Bestätigung!

Panina hat gelernt, dass es sich lohnt, auch ohne Aufforderung immer wieder Blickkontakt aufzunehmen. (Foto: Nicole Röder)

Damit der Blickkontakt wirklich in die Augen geht, wird auch das Leckerchen kurz auf Augenhöhe gehalten. (Foto: Nicole Röder)

Nutzen: Jederzeit und überall die volle Aufmerksamkeit des Hundes abfragen zu können – das macht Spaziergänge nicht nur entspannter, sondern hilft dabei, die Verbindung zwischen Mensch und Hund zu festigen. Jeden Blickkontakt zu markern verändert auch unsere Aufmerksamkeit dem Hund gegenüber und lenkt den Fokus darauf, erwünschtes Verhalten zielgenau zu verstärken, anstatt an den typischen Alltagsschwierigkeiten zu verzweifeln.

Abenteuer Ausflüge

Über die Bindung zwischen sich und seinem Hund denkt man als Hundehalter spätestens dann nach, wenn man sich beim Spaziergang plötzlich allein auf weiter Flur befindet und statt des vierbeinigen Begleiters nur noch eine Staubwolke am Horizont zu erkennen ist. Kommt dann als Reaktion auf mehrfaches Rufen nichts als das Echo zurück, beginnen viele nicht nur am Gehorsam, sondern auch an der Bindung zu zweifeln. Zum Trost: Viele Hunde, die ihre Ohren in der freien Natur auf Durchzug stellen, haben durchaus eine gute Bindung zu ihrem Menschen. In der Regel fehlt ihnen lediglich der Spaßfaktor beim gemeinsamen Spaziergang und sie suchen sich ihr Abenteuer selbst. Dem ist leicht gegenzusteuern: Erleben Sie gemeinsam kleine und große Abenteuer bei den täglichen Spaziergängen. Es findet sich überall etwas, das man genauer untersuchen, erklettern oder durchkriechen kann.

Doppelte Herausforderungen: Fritz wartet brav auf der Bank, während Joy darunter durchklettert. (Foto: Nicole Röder)

So wird's gemacht: Hunde lieben es, ihre Umgebung zu erkunden und dabei von erhöhten Plätzen aus den Rundumblick zu wagen. Ausflüge in die Natur bieten eine Menge Dinge, mit denen es sich arbeiten lässt.

Eine Bank, an der man vorbeikommt, ist nicht nur geeignet, um sich und/oder den Hund darauf zu stellen oder zu setzen. Lassen Sie den Hund doch auch mal drunter durchkrabbeln oder mit den Vorderpfoten an der Rückenlehne aufsteigen. Nicht wenige Hunde kostet dies schon einiges an Überwindung und sie bedürfen eines hohen Maßes an Zuspruch vom begleitenden Menschen. Sparen Sie nicht an Freude und Lob, wenn der Vierbeiner sich traut, auf Ihr Zeichen hin irgendwo drauf oder drunter durch zu klettern – auch, wenn es auf Anhieb gelingt: Es sind solche Abenteuer, die einen Spaziergang mit Ihnen aus Hundesicht umso interessanter gestalten. Auch auf Felsen zu klettern, auf Baumstämmen zu balancieren oder wagemutig über einen Holzsteg im Wasser zu waten belebt den täglichen Gassigang.

Varianten: Ein schöner Perspektivwechsel ist es, wenn der Mensch sich auf eine Bank oder einen Stein stellt und dem Hund von oben herab die Leckereien direkt ins Maul wirft. Hier muss sich der Vierbeiner dann voll und ganz auf seinen Zweibeiner konzentrieren, damit die Goodies nicht im Aus landen. Diese Variante ist besonders schön im Sommer, wenn der Mensch auf einer Brücke steht, während sich der Hund unterhalb im seichten, leicht fließenden Wasser befindet. Welch ein Spaß, die Leckerchen zu fangen und die daneben geflogenen entweder halb tauchend erreichen zu müssen oder ihnen hinterherzuhechten, um sie aus den Fluten zu retten.

Selbst dann, wenn sich nichts zum Erklettern oder Besteigen findet, kann man den Hund unterwegs beschäftigen. Üben Sie zum Beispiel zu Hause ein, dass Ihr Vierbeiner

Leckerchenfangen aus luftiger Höhe macht auch auf Sitzbänken, Strohballen oder kleinen Brücken Spaß. (Foto: Nicole Röder)

Dinge gezielt mit der Pfote berührt, und schicken Sie ihn draußen zu großen Steinen, Pflanzen oder Zaunpfählen, um diesen Trick vorzuführen. Auch das Umrunden rechts- oder linksherum kann vom einsamen Baum bis hin zum Siloballen gezeigt werden.

Nutzen: Die gemeinsame Zeit draußen wird dadurch, dass wir sie mit Tricks und Abenteuern aufpeppen, noch schöner und qualitativ hochwertiger. Vor allem Hunde, die rasse- oder altersgemäß überall ihre Nasen und Augen haben, außer beim Menschen, profitieren von solchen Aufgaben.

Alles ist ein Spielzeug

Die meisten Hunde spielen außerordentlich gerne und das nicht selten bis ins hohe Alter. Voraussetzung dafür ist allerdings, dass die Hunde in jungen Jahren das Spielen gelernt haben und dass wir Menschen wissen, wie wir den Vierbeiner dazu animieren können. Von einem Hund, der auf der Straße geboren und aufgewachsen ist, können wir nicht erwarten, dass er für ein Quietschi dieselbe Begeisterung zeigt, wie einer, der seine Welpenzeit behütet bei verantwortungsbewussten Züchtern und einer liebevollen Familie verlebt hat. Und doch wird sich auch der Hund mit schwieriger Vergangenheit mit einiger Übung vom Unterhaltungswert des gemeinsamen Spiels mit seinem Menschen überzeugen lassen.

Bei dem einen Hund ist es eine Socke, bei einem anderen vielleicht eine Klopapierrolle. Egal was, Hauptsache, wir überreden unseren Vierbeiner dazu, mit uns gemeinsam „Beute" zu machen. Ob er nun mit uns daran zieht oder mit Begeisterung mit den Pfoten darauf haut – es ist einfach ungemein wichtig, den Hund in jeder Situation und egal womit zum Spielen bewegen zu können. Nicht nur, weil gemeinsames Spiel die Bindung festigt, sondern auch, weil ein ausgelassenes Spiel in manchen Situationen unumgänglich ist: dann, wenn der eigene Vierbeiner den verhassten Nachbarshund am Horizont erblickt hat; der jagdlich ambitionierte Hund die Nase so gar nicht mehr von der Wildfährte abwenden will; wir das Reh schon vor unserem Jungspund entdeckt haben oder wir das wilde Gebell wegen des herannahenden Postboten im Keim ersticken wollen. In solchen Situationen kann es von unschätzbarem Wert sein, den Hund ablenken zu können. Und zwar mit dem, was uns gerade als Erstes in die Hände fällt, ganz egal, was. Wir haben nur die Leine? Okay, zerren wir damit. Es gibt Tannenzapfen auf dem Waldboden und sonst haben wir ausnahmsweise nichts dabei? Kein Problem – nehmen wir einfach die. Wenn wir genau wissen, wie unser Vierbeiner zum Spielen zu animieren ist und mit welchem Ankündigungswort wir seine volle Aufmerksamkeit auf uns lenken, dann kann eigentlich nirgendwo was schiefgehen. Und während sich der Vierbeiner mit uns und unseren Ideen beschäftigt, kann er sich keinen (vielleicht gefährlichen oder ärgerlichen) Blödsinn einfallen lassen.

So wird's gemacht: Wichtig ist, dass der Hund schon gelernt hat, überhaupt mit seinem Menschen zu spielen. Sie wissen dann auch,

Tannenzapfen eignen sich wunderbar für Such- und Geruchsunterscheidungsspiele, und sogar für ein kurzes Zerrspiel kann man sie verwenden. (Foto: Nicole Röder)

wie sich Ihr Hund am besten motivieren lässt. Die große Herausforderung bei diesem Spiel besteht nun darin, die Aufmerksamkeit des Hundes in jeder Situation fesseln zu können. Das Ziel ist, den eigenen Hund mit allem, was sich gerade anbietet, zu einem Spiel zu animieren – ganz gleich, ob Tannenzapfen, herabgewehte Blätter oder Strohhalme.

Mit geheimnisvoller Gestik und Gemurmel beschäftigen wir uns zunächst allein mit dem, was wir als Spielzeug auserkoren haben. Unser Vierbeiner wird dieses Ding, das unsere Aufmerksamkeit so sehr fesselt, schon bald genauer betrachten wollen. Kommt er neugierig heran, tun wir für eine Weile weiter so, als sei das Objekt nur zu unserem Wohlgefallen da. Kurz darauf animieren wir ihn damit aber zu einer gemeinsamen Tobe-Runde. Ob wir den Gegenstand wegwerfen und auch selbst direkt hinterherlaufen, oder ob wir ihn in Schlangenlinien und im Zickzack-Kurs auf unseren Hund zu und von ihm weg bewegen – alles ist erlaubt. Hauptsache, wir erreichen damit, dass der Vierbeiner sich von allem anderen abwendet und nur noch Augen für das gemeinsame Spiel hat. Lassen Sie also zu Hause und unterwegs immer wieder Spieleinheiten mit scheinbar völlig unmöglichen Dingen in die gemeinsame Zeit einfließen.

Achtung!

Beim Suchen geeigneter Spielmaterialien sollte man vorsichtig sein und auf Stöckchen verzichten. Nur zu leicht können diese splittern oder, falls der Vierbeiner zu enthusiastisch damit umgeht, zu sehr unschönen Verletzungen im Maul-/Halsbereich führen.

Vor allem darf man niemals einen Stock werfen, dem der Hund hinterherhetzt, oder zwei Hunde mit einem Stöckchen toben lassen. Die Verletzungsgefahr ist in beiden Fällen enorm!

Auch Steine sind völlig ungeeignet, sie schleifen die Zähne des Hundes stark ab oder könnten verschluckt werden.

Varianten: Viele Hunde springen super drauf an, wenn wir ihnen signalisieren, dass wir gerade was Tolles gefunden haben. Mein begeistertes Starren und der Satz „Schau mal, was ist denn da?“, während ich auf einen Maulwurfshügel zeige, führt immer dazu, dass meine Hunde begeistert angerannt kommen. Schließlich will jeder der Erste sein, der die Attraktion untersuchen darf. Gerne nutze ich dann die Gelegenheit, ein bisschen mit den Händen in der lockeren Maulwurferde zu graben und fordere die Hunde mit dem Signal „Buddel, buddel“ auf, es mir gleichzutun. Ich lasse sie kurz graben (bis der Hügel glatt und keine Fallgefahr für andere darstellt) und gehe dann weiter zum nächsten. So vertreiben wir uns schöne, buddelige Zeiten auf brachliegenden Feldern oder in den Gärten von Freunden, die lieber uns die Hügel plattmachen lassen, als es selber zu tun.

Nutzen: Wer seinen Hund immer und überall, auch ohne mitgebrachtes Equipment, zum

Spielen und Mitmachen animieren kann, ist auch jederzeit ohne Schwierigkeiten in der Lage, ihn abzulenken. Das kann, wie eingangs erwähnt, von unschätzbarem Wert sein, beispielsweise dann, wenn der Vierbeiner seinen Lieblingsfeind entdeckt hat oder wenn er sich durch ein ungewöhnliches Geräusch erschreckt hat. Die gemeinsame „Arbeit" mit uns lenkt von der Stresssituation ab und ersetzt die negative durch positive Emotion. Außerdem kann man bei einem herrlich wilden Zerrspiel überschüssige Energie abbauen, sodass sich diese nicht anstaut und im nächstbesten, unpassenden Moment entladen muss.

Achtung, fertig, los

Nicht nur für die Sprinter unter unseren Vierbeinern sind Wettrennen eine Freude. Fast jeder Hund liebt es, mal kurz richtig Gas zu geben – wenn das Rennen dann auch noch zusammen mit dem geliebten Menschen und auf dessen Initiative hin stattfindet, kennt die Lebensfreude keine Grenzen.

So wird's gemacht: Wir kündigen dem bei uns stehenden Hund mit verschwörerischer Stimme an, dass gleich etwas ganz Großartiges passiert, während wir langsam ein Spielzeug aus der Tasche ziehen. Dann fragen wir ihn, ob er das Spielzeug jetzt gerne haben möchte und achten darauf, dass wir seine ungeteilte Aufmerksamkeit haben. Also ruhig richtig den Clown geben, damit der Hund es vor freudiger Erwartung kaum aushalten kann, an das tolle Objekt zu kommen. Dann halten wir ihn fest und sagen laut und freudig „Achtung ..." und werfen das Spielzeug, während wir „fertig ..." sagen. Auf „Los" lassen wir den Hund los und rennen gemeinsam mit ihm zum Spielzeug – okay, wahrscheinlich ist der Hund vor uns angekommen. Feuern Sie den Hund während des Laufens an und rufen ihm ein „Schnapp es dir" oder „Ja, wo ist das Spieli?" zu. Eine ausgelassene Zergeleinheit als Abschluss hilft uns dabei, kurz Luft zu holen und uns auf eine weitere Spieleinheit vorzubereiten.

Varianten: Statt auf „Los" mit dem Hund in Richtung Spielzeug zu rennen, kann sich der Mensch auch schnell in die entgegengesetzte Richtung entfernen und dem Hund zurufen, dass er das Spielzeug mitbringen soll. Oder rennt Ihr Hund gar nicht erst zum Spieli, weil sein Teampartner woanders hinläuft? Finden Sie es heraus!

Kombinieren Sie das Spiel auch mal mit dem Platz-Bleib, ohne den Hund festzuhalten. Stellen Sie sich neben den Vierbeiner und zählen wieder an: Achtung, fertig ... los! Und auf „Los" signalisieren Sie ihm deutlich, dass er losrennen darf. Anfangs unbedingt bei den Worten „Achtung" und „fertig" das Liegenbleiben markern.

Alternativ kann man diese Renneinheit natürlich auch mit geworfenen Leckereien, gefunden Tannenzapfen oder der weggeschleuderten Mütze spielen. Es ist eine gute Möglichkeit, Hunde, die immer an der Schleppleine gesichert sind, mal ein bisschen flitzen zu lassen. In dem Fall halten Sie die Schleppleine lieber nicht fest, sondern lassen Sie sie mitziehen.

Achtung – fertig – los geht's erst, wenn das Spielzeug gelandet ist. (Foto: Nicole Röder)

Achtung: Den Griff ans Halsband oder Geschirr und das Festhalten bitte nur dann durchführen, wenn der Hund das nicht unangenehm findet und auch von seiner Größe her locker zu halten ist und Sie nicht halb mitschleift, weil er zum Spielzeug will.

Nutzen: Vorrangig hat unser Hund Spaß. Er darf mal so richtig mit uns gemeinsam aufdrehen, Anspannung aufbauen und diese in einem tollen Renn- und Zerrspiel zusammen mit dem Menschen wieder ablassen. Es kann kaum etwas Schöneres geben.

Verbunden auf Distanz

Wie schön, wenn unser Hund Signale auch dann zuverlässig ausführt, wenn wir sie aus einer gewissen Entfernung geben! Die wichtigste Voraussetzung dafür ist, dass er überhaupt auf Distanz mit uns „verbunden" ist. Selbst wenn Rückruf und Co im Umkreis von ein paar Metern gut funktionieren, kann man nicht automatisch voraussetzen, dass der Hund uns auch noch mit 20 Meter Abstand wahrnimmt und auf Signale reagiert.

Je mehr wir uns mit dem Hund beschäftigen und ihm interessante, für ihn gut lösbare und vor allem immer positiv verstärkte Aufgaben in Spielform geben, desto besser wird die Verbundenheit zueinander. Das zeigt sich auch, wenn Mensch und Hund auf Distanz Spaß miteinander haben. Voraussetzung für das folgende Spiel ist, dass der Hund bereits gut gelernt hat, was „Platz", „Bleib" und „Aus" bedeuten.

Achtung!

Wenn Sie das Rennspiel mit einem angeleinten Hund spielen wollen, müssen Sie unbedingt darauf achten, beim Loslaufen nicht an der Leine zu reißen. Auch sollte die Leine nicht so weit durchhängen, dass Sie darüber stolpern könnten.

Manche Hunde sehen so einen Sprint als Jagd nach einer (für sie noch unentdeckten) Beute. In Vorfreude auf das Jagderlebnis springen sie dann an ihrem Menschen hoch oder versuchen, nach der flatternden Jacke oder etwas anderem zu schnappen. Hier sollte sofort mit Abbruch des Laufs reagiert werden.

So wird's gemacht: Spielen Sie ein Zerrspiel mit Ihrem Hund, fordern Sie ihn auf, das Spielzeug loszulassen und signalisieren Sie ihm nach dem Ausgeben direkt, dass er sich ins „Platz" legen soll. Markern Sie das Hinlegen und sagen Sie sofort Ihr Auflösungswort oder geben das Hörzeichen zum Weiterspielen. Mit jeder Wiederholung wird das Hinlegen schneller klappen, denn der Hund versteht, dass dann das Spiel sofort weitergeht.

Sobald das „Platz" flüssig mit dem gegebenen Signal funktioniert, kann man ein bisschen mehr Bewegung ins Spiel bringen. Bleiben Sie nach dem Zerrspiel nicht stehen, um den Hund erneut ins Platz zu schicken, sondern gehen Sie ein paar Schritte von ihm weg. Sagen Sie ihm zum Beispiel aus drei

Aus dem Spiel heraus kann man die Platz-Übung auch auf Distanz entwickeln. (Foto: Nicole Röder)

Schritten Entfernung, dass er sich hinlegen soll. Es ist kein Problem, wenn der Hund sich selbst gerade bewegt, denn gemarkert wird weiterhin nur, wenn er das Signal sofort umsetzt.

Wechseln Sie die Spielbelohnungen fürs schnelle Hinlegen immer auch mal zwischendurch mit kurzen Bleib-Übungen ab. Werfen Sie aus der Entfernung das Spielzeug zum Hund und erlauben ihm dann, aufzustehen und es sich zu schnappen.

Wenn er es hat, rufen Sie ihm zu, dass er sich schnell wieder hinlegen soll – Click – und nach wenigen Wiederholungen können Sie das Signal zum Hinlegen auf Distanz auch ohne Spielzeug geben. Der Marker hilft Ihnen dabei, die schnelle Reaktion des Hundes in der Entfernung zu belohnen, bevor dann die echte Belohnung zum Hund gebracht oder geworfen wird.

Aber Achtung: Nicht zu viele Durchgänge hintereinander! Lieber zwischendurch nochmal ein paar Meter spazieren gehen – das Spiel ist für den Hund nämlich ziemlich anstrengend, weil er sich sehr konzentrieren muss.

Varianten: Das gleiche Spiel kann man natürlich auch mit anderen Positionen wie „Sitz“ oder „Steh“ spielen.

Nutzen: Spiel, Spaß, Spannung und dabei bereits erlernte Signale noch weiter ausbauen und verbessern. Hier ist in einem schönen, actionreichen Spiel einfach alles dabei.

VON INSEL ZU INSEL

Das Inselspiel ist vom Longieren inspiriert. Wer mit Hund longiert, der steckt in aller Regel mithilfe von Pylonen oder Zeltheringen einen Kreis ab, spannt Flatterband als sichtbare Umrandung darum und schickt dann seinen Hund per Sicht- und Hörzeichen außen um den sogenannten Longierkreis. Der Mensch befindet sich dabei in der Mitte des Kreises und lenkt den Hund mal rechtsrum, mal linksherum; lässt ihn sitzen oder stehen usw. Beide Partner müssen sich bei dieser Beschäftigung sehr konzentrieren – der Hund, weil er genau auf die Körpersprache und Aufforderungen seines Menschen achten muss, dabei aber nicht in den Kreis hüpfen soll. Der Mensch, weil er die Aufgaben, die er seinem Hund stellt, genauso formulieren und anzeigen muss, dass der Vierbeiner sie verstehen und umsetzen kann.

Das Inselspiel kommt ohne formellen Longierkreis aus. Stattdessen können beliebige Gegenstände oder auch Kleidungsstücke genutzt werden, um eine Art optische Grenze aufzubauen. Der Hund lernt, von Gegenstand zu Gegenstand – also von Insel zu Insel – zu laufen und sich dabei vom Menschen aus der Entfernung leiten zu lassen.

So wird's gemacht: Legen Sie Ihre Jacke, einen Schal, Mütze, die Leine oder auch eine mitgebrachte Tasche aus, sodass die Gegenstände eine Fläche optisch umschließen. Es muss kein Kreis entstehen, auch ein Viereck oder Dreieck ist möglich. Legen Sie auf jeden Gegenstand deutlich sichtbar ein Leckerchen. Laufen Sie den Weg von Insel zu Insel gemeinsam mit dem Hund ab und lassen ihn die Leckerchen fressen. Schnell wird er sich an den optischen Signalen orientieren und Sie können ihn auch aus etwas Entfernung zu den einzelnen Futterinseln schicken.

Mithilfe von „Inseln" aus Kleidungsstücken, Kissen oder Bodentargets lässt sich der Hund in der Distanz dirigieren. Mit mehr Übung wird der Kreis immer größer. (Foto: Nicole Röder)

Als Nächstes legen Sie nur noch auf jeden zweiten Gegenstand einen Futterbrocken, bevor Sie den Hund losschicken. Findet er keine Belohnung, helfen Sie ihm mit einem Handzeichen und der Aufforderung, einfach zum nächsten weiterzulaufen, wieder zum Erfolg. Wiederholen Sie dies ein paar Mal, bis der Hund sich an den einzelnen Objekten nicht lange mit Suchen aufhält, sondern mehr auf Ihre Handzeichen und die Richtungsansage achtet. Schließlich können Sie nur auf dem letzten Gegenstand Futter platzieren und dazu übergehen, dem Hund seine Belohnung fürs Umlaufen der Grenzpunkte aus der Distanz zuzuwerfen.

Wichtig: Legen Sie anfangs die Kleidungsstücke oder Gegenstände sehr dicht beieinander aus, damit der Kreis bzw. das Viereck möglichst klein ist. So ist es einfacher, den Hund zu lenken, weil er schneller an sein Leckerchen kommt. Sobald Sie sehen, dass der Hund verstanden hat, von Objekt zu Objekt zu laufen, können Sie die Hilfsmittel weiter auseinanderziehen und damit den Umfang des Spielbereichs vergrößern.

Nutzen: Spaß, Bewegung und durch das aufeinander Achten auch ein großes Plus fürs Bindungskonto.

UMRUNDEN

Ein tolles Spiel, bei dem man jegliche Umweltelemente integrieren kann, ist das Umrunden von allem, an dem man vorbeikommt. Ob Baum, Abfalltonne, stehendes Auto oder Zaunpfahl – es beginnt mit Vorausschicken, rechts oder links herum umrunden und dann mit Vollgas wieder zurück zum Menschen, um die Belohnung zu kassieren. Das macht Spaß und nach einigen Wiederholungen auch richtig müde.

So wird's gemacht: Anfangs lockt man den Hund entweder mit Leckerchen oder Spielzeug aus nächster Nähe, um ein Hindernis herum. Starten Sie die Übung an etwas, bei dem Sie vor dem Objekt stehen bleiben können und den Hund einfach seitlich daran vorbeidirigieren können. Im nächsten Schritt bleiben Sie vor dem Objekt stehen, legen seitlich davon ein Spielzeug oder eine Leckerei aus, sodass der Hund sich nur kurz herumbiegen muss, um dranzukommen und geben dem Umrunden schon ein Wortsignal. Dann legen Sie die Belohnung noch ein Stück weiter, damit der Hund sich noch weiter verbiegen muss. Das geht so lange, bis er einmal drumherum rennt, um an seine Belohnung zu

Hundesport-Tipp

Wer Lust auf Distanztraining und Hundesport im Verein hat, könnte Spaß an der relativ jungen Sportart Hoopers Agility haben. Dabei wird der Hund aus der Mitte eines Parcours heraus nach vor, rechts oder links dirigiert, muss durch Bögen und Tunnel laufen und Tonnen umrunden. Mit eigenem Garten und Equipment kann man Hoopers auch mithilfe toller Onlinekurse lernen.

kommen. Nun üben Sie das Ganze ohne ausgelegte Belohnung (die gibt es nämlich dann von Ihnen, wenn das Umrunden geklappt hat). Und nun kann auch der Abstand vergrößert werden, damit der Vierbeiner eine kleine Strecke zum Rennen hat und das ganze Spiel auch körperlich auslastet.

Varianten: Schicken Sie den Hund sowohl rechts- als auch linksherum – das Ganze natürlich auf Ihr Signal hin, damit die Herausforderung an den Vierbeiner noch größer wird. Auch kann man, wenn es von der Aufstellung der Hindernisse in freier Wildbahn passt, den Hund gleich um mehrere Objekte herumschicken – das dann kombiniert mit Richtungswechseln und vielleicht noch dem einen oder anderen „Tipp/Tapp", Hinlegen oder Anstupsen, und schon hat man einen perfekten Hindernisparcours, der dem Hund einiges abverlangt. All das können Sie auch prima mit einem provisorischen Longierkreis verbinden.

Nutzen: Auch das hier ist wieder eine der gemeinsamen Beschäftigungen, die das Mensch-Hund-Team mit offeneren Augen durchs Leben ziehen lässt. Der Mensch achtet darauf, die perfekte Gelegenheit für eine coole Spielgelegenheit für seinen Hund zu finden, und der Vierbeiner achtet auf seinen Menschen, weil der sich stets neue, tolle Überraschungen und Aufgaben einfallen lässt, damit es nie langweilig wird. Besonders schön ist dabei die anfängliche Lernphase, bei der dem Hund erklärt wird, was wir eigentlich von ihm wollen – denn hier sind sowohl Mensch als auch Tier in ihren Teamwork-Fähigkeiten besonders gefordert.

Fürs Umruden wandert das Spielzeug als Anreiz schrittweise ein Stück weiter um den Baum herum. (Fotos: Nicole Röder)

(Foto: Nicole Röder)

(Foto: Ralph Weires)

ANHANG

Über die Autorin: Nicole Röder

Nicole Röder ist Diplompädagogin und lebt in Trier. Den eigenen Hund besser verstehen zu lernen, um eine intensivere Beziehung aufzubauen, ist ein wesentlicher Bestandteil der Kurse, die sie als Hundetrainerin für Mensch-Hund-Teams konzipiert. Sie möchte glückliche Hunde sehen, die freudig an der Seite ihres menschlichen Partners leben und mit ihm arbeiten. Daher liegen ihr die Förderung positiver Trainingsmethoden in allen Bereichen der hündischen Ausbildung und speziell jede Art von geistiger und körperlicher Auslastung am Herzen.

Jeder Hund will mit seinem Menschen zusammenarbeiten und dazulernen – man muss nur herausfinden, was genau das für das jeweilige Individuum bedeutet. Diesen Grundsatz versucht Nicole Röder in ihren Büchern und Artikeln weiterzugeben.

Danke

An erster Stelle meiner Danksagung stehen wie immer meine Hunde. Die drei, die schon im Hundehimmel sind, haben überhaupt erst dafür gesorgt, dass ich solche Bücher schreiben darf: Laska, Pearl und Cloud – ihr werdet für immer einen festen Platz in meinem Herzen haben und ich bin euch für die gemeinsame Zeit unendlich dankbar. Ich hoffe, wir sehen uns irgendwann wieder.

Panina, du außerordentlich spezielle Hündin! Danke dafür, dass du mich ausgesucht hast. Ich liebe dich, trotzdem oder gerade, weil du so bist, wie du bist.

Und ganz besonders geht mein Dank an die weltbeste EasyPeasy. Unsere Beziehung war vom ersten gemeinsamen Moment an etwas Besonderes und ich kann mir nicht vorstellen, dass man noch inniger verbunden sein kann, als wir es sind. Ich freue mich jeden Tag darauf, neue Abenteuer mit dir zu erleben und die Welt gemeinsam mit dir zu entdecken. Dieses Buch ist ganz besonders für dich!

Aber natürlich sollen auch die Menschen Erwähnung finden:

Erst einmal ein großes Danke an alle, die dieses Buch gekauft haben. Ich hoffe, Sie und Ihre Hunde haben ganz viel Spaß mit den vorgestellten Ideen und verbringen tolle, gemeinsame Stunden. Denn dann habe ich mein Ziel erreicht: Mensch und Hund einander näherbringen und für gemeinsame, freudige Momente sorgen!

Mein spezieller und riesengroßer Dank geht an Madeleine Franck. Nicht nur fürs Lektorieren (was bei mir ja weiß Gott nicht einfach ist), sondern vor allem dafür, dass du mir den besten Welpen der Welt ausgesucht und anvertraut hast (dafür natürlich auch Danke an Rolf). Euch gebührt ein von ganzem Herzen kommendes Dankeschön!

Meinen tierischen und menschlichen Modellen möchte ich natürlich auch danken – denn ohne euch wäre das Buch nicht so bunt. Vielen Dank dafür, dass ihr so spontan alle meine Fotoideen über euch habt ergehen lassen! Hervorzuheben ist hier besonders Maria auf dem Titelbild: Dass Panina sich so mit dir fotografieren ließ, freut mich extrem. Es zeigt, was für ein besonderer Mensch du bist.

Und last, but not least: Danke Ralph, dass du jede meiner tierbezogenen Narreteien so gut erträgst und immer für uns da bist. Ohne dich würde das hier alles gar nicht funktionieren!

Zum Abschluss

Eine gute Bindung entsteht nicht über Nacht. Sie ist das Ergebnis eines Entwicklungsprozesses, der sofort mit Einzug des Hundes beginnt, egal, ob dieser als Welpe oder als erwachsener Hund in Ihr Leben tritt. So unterschiedlich jeder Hund auf dieser Welt ist, so gemeinsam ist ihnen eines: Jeder Hund hat es verdient, dass wir uns auf ihn einlassen. Dass wir uns voll und ganz auf ihn und seine Persönlichkeit einstellen und dass wir uns auf die ihm angepasste Weise mit ihm beschäftigen. Der Lohn ist, dass auf diese Art eine Partnerschaft entsteht, deren Band enger und reißfester kaum sein könnte. Das Band wird ein Hundeleben lang halten und unsere Herzen verbinden. Genießen Sie also jede Sekunde des Zusammenseins mit Ihrem Hund. Es wird sich lohnen und Ihr Leben um ein Vielfaches bereichern.

In diesem Sinne habe ich Ihnen hier noch meine fünf goldenen Regeln für die Bindungsarbeit aufgeschrieben. Und nun: Viel Spaß bei allem, was Sie mit Ihrem Hund tun!

1. Spiele, die dem Hund keinen Spaß machen, werden gestrichen. Passen Sie alle Spiele individuell für Ihren Hund an oder erfinden Sie Ihre eigene Variante, egal was in irgendeinem Buch steht.
2. Gute Laune und innere Ruhe sind das A und O. Stress ist kontraproduktiv. Ziel ist es, Vertrauen aufzubauen, und das kann niemals unter Druck funktionieren.
3. Bei Bindungsspielen gibt es kein „Falsch". Klappt etwas nicht so gut, wird die Herausforderung entweder in kleinere, leichtere Schritte zerlegt, oder es wird später ein neuer Versuch gestartet.
4. Wer mit der Beziehung zu seinem Hund zufrieden ist, der braucht sich von Außenstehenden keine Zweifel an der Bindung einreden zu lassen!
5. Die gemeinsam verbrachte Zeit ist immer das Beste am Training – selbst dann, wenn man von zig geplanten Übungen nur eine hinbekommen hat. Hauptsache, alle Beteiligten hatten gemeinsam Spaß.

STICHWORTREGISTER

Nina Sauer

MENSCH, FRAG MICH DOCH EINFACH!

Warum eigentlich wälzen sich Hunde genüsslich im Dreck? Was bringt sie dazu, an der Leine zu pöbeln, unschuldige Besen zu begatten, Fahrräder zu jagen oder am Gartenzaun zu bellen? Wie nehmen die Vierbeiner die Welt wahr? Sind Aggression und Dominanz tatsächlich ihr Wolfserbe? Können sie Stimmungen riechen und Fernsehbilder verstehen? Wie funktioniert Hundelogik, und warum klappt's nicht mit dem neuen Kommando? Mrs Buddy, eine weltoffene Beauceron-Hundedame, verrät zusammen mit ihren Freunden aus dem Club der weisen Hunde, wie sich stürmische Zeiten mit dem Vierbeiner entweder ganz vermeiden oder zumindest schmunzelnd meistern lassen. Unterstützt wird sie dabei von ihrem Frauchen Nina.

176 Seiten / broschiert, ISBN 978-3-8404-2063-4
Auch als E-Book erhältlich

Madeleine Franck und Rolf C. Franck

DAS BUCH FÜR HUNDEELTERN

Niemand muss für seinen Hund den „Rudelführer" spielen, auch wenn viele Hundehalter diese veralteten Ansichten noch im Hinterkopf haben. Die Aufgabe von liebevollen Hundeeltern liegt vielmehr in der Übernahme von Verantwortung – für die Erfüllung der Bedürfnisse des Hundes, ebenso wie für seine gute Erziehung. Nur wenn wir die Emotionen des Hundes berücksichtigen, ermöglichen wir effektives und positives Lernen.

128 Seiten / broschiert
ISBN 978-3-8404-2062-7
Auch als E-Book erhältlich

Katrien Lismont

DAS GASSIBUCH FÜR BESONDERE HUNDE

Dieses Buch richtet sich an Halter von reaktiven Hunden, die jeden Tag neu überlegen, wo und wann sie mit ihrem Vierbeiner Gassi gehen könnten, wem sie begegnen werden, wie sie ausweichen können und welche Fluchtwege vorhanden sind. Erfahren Sie, wie Sie auch mit „besonderen" Hunden schöne Gassirunden drehen und Qualitätszeit mit ihnen genießen können und wie Sie die täglichen Spaziergänge so nutzen können, dass Hund und Mensch daraus etwas gewinnen und sich nicht durchkämpfen müssen.

128 Seiten / broschiert
ISBN 978-3-8404-2057-3
Auch als E-Book erhältlich

Sonja Meiburg

ANTI-GIFTKÖDER-TRAINING

Giftköderwarnungen sind seit einiger Zeit die größte Sorge unzähliger Hundehalter. Dachte man früher gerne „Das betrifft mich nicht", wird durch Giftköder-Warn-Apps und Social Media immer deutlicher, dass die Gefahr auch vor der eigenen Haustür lauert. Es scheint geradezu ein Trend von Hundehassern, vergiftetes oder mit Rasierklingen gespicktes Futter auszulegen – und das nicht nur in Großstädten.

96 Seiten / broschiert
ISBN 978-3-8404-2518-9
Auch als E-Book erhältlich

Ines Scheuer-Dinger

ABGELEINT

Fast jeder Hundebesitzer wünscht sich, seinem Hund Freilauf ohne Leine zu ermöglichen. Selbst wenn der Gehorsam angeleint klappt, warnt oft die eigene Intuition davor, es ohne Leine zu versuchen. Besonders dann, wenn man schon mal hilflos zusehen musste, wie der Hund am Horizont verschwindet, herrscht Unsicherheit: Was tun, wenn der Vierbeiner sich unangeleint mehr für Artgenossen als den eigenen Menschen interessiert?

96 Seiten / broschiert
ISBN 978-3-8404-2516-5
Auch als E-Book erhältlich